葉子是能夠製造養分、使自己生長的組織，
因此在植物的生存過程中至關重要。
葉子裡有植物重要的特徵，
在觀察葉子時，需要比觀察其他任何地方更加細心，
真的需要長期地、仔細地觀察。

如果不是樹葉，
最初地球不會有任何生命存在。

나뭇잎 수업 : 사계절 나뭇잎 투쟁기

樹葉物語

高圭弘 고규홍 著
林倫伃 譯

從一片樹葉到解讀生命的演化

所有活著的生命都會運動，一刻也不停歇，這是生命的原理。樹木也是如此，只要活著，就會時時刻刻不停地運動。起風時樹枝和樹葉會晃動、飄動，這並非隨風起舞的被動式反應，而是樹木為了對抗可能吹斷樹枝、吹落樹葉的凜冽寒風才晃動樹枝和樹葉。也就是說，這是樹木對風的頑強抵抗，是它們竭盡全力生存的方法，是它們不被人們注意的生存策略。

我曾經一邊看著樹木，一邊努力試圖找出蘊含在葉子裡的生命奧祕，或說生命的原理。樹葉是生命之窗，它製造的能量使這片土地的所有生命得以生存。唯有樹葉才能接收太陽的光能，並將之製成其他生命所需的生存能量。如果不是樹葉，這塊土地最初就不會有任何生命存在。從一開始到現在，所有生命都必須依託樹葉生活，也就是光合作用，這是世界上所有生命體能夠執行的最神祕也最偉大的運動，是只有樹葉才能進行的一項莊嚴活動。多虧樹葉進行各種活動，其他生命體現在才有得吃，生病才有藥醫，光合作用還讓我們的天空更藍、更美。如果不是樹葉，我們今天就不會有美麗的天空、食物和藥材。

基於樹葉不計代價、持續進行的生命活動，世上所有生命得以生存。也因此，我們才會靜靜走近樹蔭，抬頭觀看豔陽下的樹葉。一一撫摸葉面上像微血管般分散的葉脈，感受樹葉的生命脈動，這和把手指靜靜放在手腕上，透過搏動的血管感受遍布皮膚之下、細長的微血管無異。在這一瞬間，將切實感覺到樹木的生命力。

我能夠仔細觀察多樣種類的樹葉是因為千里浦樹木園。因著和已故創辦人的緣分，我得以自在地進出。那裡美麗的森林是我的觀察室，可以盡情觀察樹葉展現的世外桃源。千里浦樹木園有韓國自生樹木等一萬八千多種植物，在園中能愉快地觀賞樹葉。樹林裡不僅有前所未聞、獨特的樹葉，還能飽覽每個品種各式各樣的樹葉，在那裡觀察樹葉非常幸福，因此書中經常出現千里浦樹木園的樹葉。

在乍看之下感覺相似的樹葉之間觀察到微妙的差異，總是令人覺得有趣，於是我把對樹葉的觀察，從千里浦樹木園延伸至韓國的山林和田野。縱使已經熟記植物圖鑑的說明，在大自然觀察樹葉與猜測樹木種類時，我還是經常摸不著頭緒，也時常因為必須單靠葉子來辨別不會開花和結果的樹木而感到痛苦，尤其是辨別櫟屬類的樹葉時更是如此。就算在現場觀察樹葉的大小和形狀，也很難像解數學題目一樣，準確地答對樹木的種類。

不過正因如此，觀察樹葉成了我畢生課題。我將一張夾在書裡的樹葉拿出來，放到書桌仔細端詳，同時思考著光合作用的原理，並回顧開始行光合作用的生命歷史，最後想到，當今束縛我們生活的「保持社交距離」也和樹葉的生活相似。我慢慢察覺到，樹葉裡蘊含著讓生命從開始到現在這一瞬間，能夠活出自己的所有原理和智慧。對樹葉的探索可回溯到生命演化初期的生物體藍綠菌，而我想和所有喜愛樹木或熱愛自然的人一起分享，因此一字一句，慢慢寫下了蘊藏在一片片樹葉裡的生命故事。

風再次吹來，樹葉輕輕搖擺。究竟是風讓樹木舞動，還是樹木招來了風？接下來我將和各位一起尋找這個答案的線索，那裡蘊含著生命演化的歷史。如果各位能從一片樹葉想起樹木不僅僅只是樹木，而是使我們生命運作的根源，那就真的太好了。

二〇二二年二月／高圭弘

目次 Contents

第二章

仔細觀察樹葉

第三章 樹葉的生存祕訣

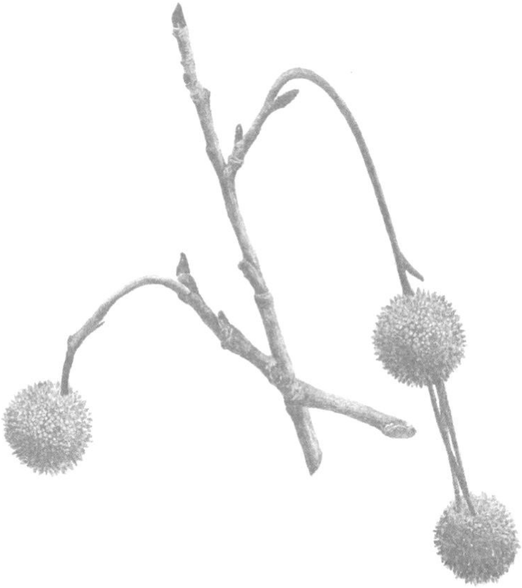

第一章

樹葉的四季生活

樹葉在沒有風的情況下也會動嗎？

#蒸散作用 #光合作用 #合歡 #多肉植物

只要樹舞動
風便會吹起，
只要樹安靜無聲
風也就沉睡。

——尹東柱〈樹〉

這是詩人尹東柱一九三七年寫的短詩。讀了這首詩後，我寫道：「是風讓樹舞動，還是樹跳舞招來了風？我看著跳舞的樹，心想應該是樹木的舞蹈帶來了這陣風。世界上所有樹木，不管會不會被看到，都不停地跳著舞。（中略）樹木就是這樣招風，而那個風，在夏天時涼爽、冬天時和煦，因為是跳舞招來的。」*

每當看到樹葉，我都會想：「樹木是能夠自行維持生命的生命體，它有可能只是隨著風、被動地生活嗎？好比搧扇子會起風，風會不會是因為樹葉晃動才出現的呢？」一點風都沒有卻看到樹葉不停擺動時，更讓我興起這樣的想法。

關於風，科學如此解釋：風是指空氣的流動，是氣壓或氣溫的變化影響所形成。但只有這樣嗎？讓我們退一步問：「如果沒有風，樹葉真的不會動嗎？」

樹葉會呼吸，並將水拉上來蒸發出去

看起來像隨風飄動的葉子其實不斷運動著，樹葉最忙的運動應該就是光合作用。由於光合作用屬於化學反應，可能被認為不會產生物理變化，但化學反應終究會導致物理變化（參考一七八頁〈太初時就有細菌〉和一九二頁〈森林是如何形成的？〉）。即使不是光合作用，樹木也必須為了活得健康而忙碌地運動，一刻不得休息。即使是沒有陽光的夜晚，葉子也不會靜止不動，因為樹木在沒有行光合作用時同樣需要呼吸。樹木的呼吸和動物一樣是吸進氧氣、吐出二氧化碳。不管是行光合作用還是呼吸，樹葉都會透過無數個氣孔忙碌地交換空氣，這是生命必須持續進行的活動。

葉子也會行蒸散作用，將水分蒸散到空氣中。樹木會從根部將水往上拉，樹木的一

＊《樹木這樣說》（나무가 말하였네），心理散策，二〇〇八年出版。

生裡，葉子從樹根接觸到的土壤中吸取的水量相當可觀，而這些水並不會就此被保存下來或消失不見，被吸收的水大部分會再次蒸發到空氣中。雖然樹木也會藉樹幹表面等其他部位蒸發水分，但九十%的水分透過樹葉排出。我們在樹蔭下之所以覺得涼爽，並不只是因為樹木擋住了陽光，而是透過蒸散作用，水蒸氣蒸發的同時使四周涼爽的關係。為了說明蒸散作用多麼旺盛，植物教科書經常舉玉米為例，一株玉米一生中會蒸散大約兩百公升的水，足足超過玉米自身體重一百倍。

為什麼非要把努力吸進的水再次排出呢？樹葉的蒸散作用與光合作用有關。眾所周知，想有效執行光合作用必須多晒太陽；如果要多晒太陽，葉子的表面積當然愈大愈好。這時若陽光照射到寬闊的表面，損失的水就會更多。可是，光合作用不只需要陽光，還需要空氣中的二氧化碳。要將二氧化碳運送給葉綠體，就得把二氧化碳溶於水中；如果從寬葉蒸發太多水分，溶解二氧化碳的水就會不足，葉子得再次從根部拉水上來。換句話說，若蒐集陽光水就會減少，若想利用二氧化碳就需要更多的水。陽光和二氧化碳利用水的方式並不相同，而蒸散作用能協調並均衡兩者。

葉子上也有氣孔

樹葉在白天會打開微小的洞——氣孔，以排出水分，生長在缺水沙漠中的仙人掌類多肉植物則是晚上打開。多肉植物若在豔陽高照時打開氣孔將失去太多水，造成危險，所以會在夜晚打開氣孔，吸收二氧化碳後儲存起來，待隔天白天再接收陽光，進行光合作用。

正因如此，多肉植物被視為是空氣淨化力強的觀賞植物，深受人們歡迎。雖然我們白天經常開窗換氣，但在所有人都入睡的夜裡並不常這麼做。夜間若將很多勤於呼吸、而不是行光合作用的植物放在房內，讓它們吸進氧氣、排出二氧化碳，不僅會搶走人類呼吸的氧氣，還會讓二氧化碳充斥整個房間。相反地，多肉植物會在夜間打開氣孔，吸收二氧化碳並排放氧氣，為人類提供良好的環境。

蒸散作用是葉子氣孔開合所產生的現象。氣孔這種組織很小，無法用肉眼看見，但數量多到超乎我們的想像。據說一片高麗菜葉上就有足足一千萬個氣孔。即使沒有高麗菜那麼多，所有植物的葉子上也都有數不清的氣孔。在葉子將這麼多氣孔同時開合的時候，我們能夠斷定整片葉子上沒有任何變化嗎？此過程屬於物理運動，只因動作十分微小，人類用肉眼無法確定罷了。若此一微小動作反覆出現，或是科技進步到能夠確認如此細小的動作，我想也許就能證實葉子會自行活動，而不是因為風才動的吧。

樹木甩掉蟲子的方法

葉子也會因其他原因而必須晃動。雖然後面的篇章才會仔細探討葉子的構造（參考一〇二頁〈葉子長出來的方式〉），但樹木在遭遇外部攻擊時並非逆來順受。比方說，昆蟲如果為了吃樹葉而爬上去，樹木必須展開防禦，這時樹木會努力晃動樹葉來甩掉蟲子。當然，樹木這番努力失敗的情形更多，不過要是不採取任何對策，生命就會岌岌可危。連結葉子和樹枝的葉柄之所以又細又柔軟，正是出於此因。

葉柄之所以柔軟，不單純為了甩掉蟲子。當樹葉受到光照變熱，就能利用柔軟的葉柄快速引導四周空氣流動來降溫。如同我們天熱時會搧扇子，樹木用葉

合歡的葉子在白天開展，晚上則合攏以防止水分蒸發。

子搧風。

樹葉除了一般的運動，也有特別的運動。比如合歡（*Albizia julibrissin* Durazz）的葉子在白天開展，晚上則合攏以防止水分蒸發，看起來好像睡著了。「자귀나무」（合歡）一名便取自「잠자는 귀신」（睡覺的鬼）。只要想到也有這類特殊運動，也許就能同意我的想法，認為樹葉的晃動絕不僅僅是因為風了吧。

其實活著的東西一刻也不會靜止不動，所有生命體都必須不斷活動才是，那是活著的證據，沒有動的東西就是死的，同樣地，樹葉也不會僅僅隨風晃動。希望各位不要忘記，世上所有生命都會為了生存而不停地動。

春天，樹葉的色彩魔術秀

#三色香椿 #樹葉顏色變化 #空氣溼度 #千里浦樹木園

樹木是跟著天空和風的流動生活的生命體，會隨風尋找自己要生活的地方停留，並以自己的方式靜靜地生活。隨著我觀察樹木的時間日久，我了解到以下事實：如同人類和動物有自己的生存環境，樹木也有適合它們的天空和風。由於樹木不會說話，看起來似乎可以在任何地方生長、隨便長都能長得很好，但事實並非如此。

我想起了三色香椿（*Toona sinensis* 'Flamingo'）＊。由於並非韓國自生的樹木，並不常見，但因為非常漂亮，植物園、樹木園和公園等地多有種植。

所有三色香椿的生長地中，千里浦樹木園使我印象深刻。這裡首先談談它的名字。在千里浦樹木園，一直以來都稱這樹為「삼색참죽나무」（三色香椿），但韓國國家標準植物目錄則稱為「참중나무, 플라밍고,」（火烈鳥香椿）。雖然強調品種名裡的「플라밍고」（Flamingo）不成問題，但我認為，國家標準植物目錄

之所以把它取作「참죽나무」，可能是因為叫錯了「참죽나무」[†]。這種樹被稱為「三色」香椿，是因為它雖然長得像香椿卻有三種顏色，在韓國國家標準植物目錄登錄前，一直到現在，它都被人們稱為「三色香椿」。

長出葉子之前，三色香椿其實不怎麼好看。雖然樹幹的顏色很亮、很顯眼，但沒有其他特別的。不過三色香椿很是奇特，會間隔適當的時間展現出令人驚豔的變化，如果要看它奇特之處，就得拉長時間、耐心久候，沒辦法一下子就感受到它的風采，只能分好幾次去看才行。這類變化可謂樹木的魔法，是大自然慢慢展開的魔術。

三色香椿的三幕式魔術秀

所有變化都從長葉子開始，春花競相綻放之際，三色香椿更將進入魔術秀。三色香椿新生的葉子是鮮紅色的，非常顯眼，會讓人眼睛為之一亮。那紅一路延續到輕輕晃動

---

*譯按：為配合作者將 *Toona sinensis* 'Flamingo' 在文中以韓國慣用名稱呼，在此採韓文直譯「三色香椿」。此品種在台灣尚無正式中文名稱。台灣常見的香椿學名 *Toona sinensis* (Juss.) M.Roem.，與作者所提的是不同品種。

†譯按：참중나무與참죽나무兩詞發音相同，都是指「香椿」。

著葉片的葉柄，特別顯眼，而且真的很紅。新長出來的紅葉，顏色會維持十五天左右。光是長著紅葉站在那裡的樣子就已充滿魅力，但三色香椿的魔術尚未開始。

隨著時間流逝，原本紅色的葉子正式變身，進入魔術第二幕。紅葉會突然變成黃色。嚴格來說應該是象牙色，那顏色十分奧妙，很難用單一顏色形容。非要形容的話，說是接近黃色的象牙色應該更合適。三色香椿的變化非常戲劇性，它會再帶著那沒來由卻又奇妙的黃色葉子生活超過十五天，籌備著魔術第三幕。

待春天接近尾聲，三色香椿的樹葉會裝作若無其事地跟著其他樹葉一起變成淡雅的綠色，讓人難以相信它曾經是紅色或黃色的。這時，三色香椿會用清新的葉綠素來接收陽光，開始行光合作用。從紅色開

春花綻放之際，三色香椿的葉子呈紅色。

呈現象牙白的三色香椿。

顏色很快又變為綠色。

始，經過粉紅色到意想不到的黃色，最終變成平凡的綠色，三色香椿展現了三種截然不同的面貌。雖然長著紅葉時最獨特也最美麗，但變化過程同樣是難得的觀察經驗。

祕密在於空氣溼度

關於葉子顏色變化的過程還有一個有趣的故事，那就是只有特定的地方能看到三色香椿的神祕魔術，千里浦樹木園便是其中之一。事實上，韓國其他地區的植物園或樹木園也有三色香椿，但據說其他地方無法和千里浦一樣看得到葉片明顯的顏色變化。甚至連在千里浦樹木園所在的泰安稍微往內的瑞山地區，其顏色也無法完全展示出來。可以說，忠清南道泰安千里浦地區的天空和風是使樹木能夠施展魔術的力量。讓三色香椿明顯呈現出三種顏色最重要的條件是空氣溼度，換句話說，坐落在海邊的千里浦樹木園的空氣溼度，便是三色香椿能夠施展神祕魔法的原力。

世上所有生命體都有專屬的名字和顏色，守護著這個特別的名字和顏色的，是風和陽光。樹木無法在陌生的天空和土地上展露自己的色彩，唯有懷抱熟悉的風和陽光，才能展示自己的顏色。透過一棵樹，我們可以確定這不爭的事實。

蓮葉在盛夏也不會淋溼的原因

#睡蓮 #蓮葉的疏水性 #原生植物

我們之所以特別覺得生長在水中的植物很美，也許是因為生命都來自水。生長在水中的代表性植物無疑是睡蓮和蓮花*。

睡蓮（*Nymphaea tetragona* Georgi）是原生植物，保有生命早期的痕跡，這點可從睡蓮的花朵得到驗證。睡蓮花裡長出的花蕊與我們一般所知的花蕊不同，呈扁平狀。這種花蕊的模樣證明了一億三千萬年前睡蓮首次在地球上綻放時，蜜蜂和蝴蝶並不存在。當時負責為睡蓮花授粉的媒介昆蟲是甲蟲類，但甲蟲的動作較蜜蜂和蝴蝶遲緩，如果要安穩地行動並協助授粉，花蕊必須是扁平的。類似景象同樣出現在早期顯花植物之一的木蓮上。基於此因，木蓮和睡蓮的花蕊相仿。

*編按：俗稱荷花。荷花的果實是蓮子，也是其種子。古時候花叫荷，果實叫蓮，後逐漸混淆。如今花既叫荷花也叫蓮花。

顯花植物是指為了繁殖而開花的植物。顯花植物的花，具有雌蕊、雄蕊等生殖器官，以及花瓣和花萼。我們經常把松樹樹梢上長得黃黃的東西稱作「송화」（松花），以純韓語稱呼便是「소나무꽃」（松樹花）*，但植物學並非把松樹上綻開的組織稱為花。如果要稱為花，雌蕊下方必須要有包覆胚珠的子房，但松花的雌蕊下方沒有這個構造，所以不被視為「花」。

水上之花，睡蓮？

人們有時會分不清睡蓮的名字，誤以為睡蓮是「水」蓮，其實是「睡」蓮。在玉篇†中，「睡」也有「花合起的模樣」之意。沒錯，睡蓮大體有三天開花，受到早晨陽光照射便徐徐盛開，日落時分再慢慢地閉合睡去，如是之故，稱為沉睡的蓮花也相當自

睡蓮花內側的花蕊扁平，以利甲蟲授粉。

然。當然，玉篇裡將這個字的釋義記載為「花合起的模樣」是後來的事了。我想，雖然睡蓮的「睡」字一開始的意思應該是指「睡覺」，但之後為了解釋清楚該字被套用在睡蓮的原因，因此加上了「花合起的模樣」這一釋義吧。

睡蓮茶便是利用了「睡蓮花會睡覺」這一特徵的花茶。關於睡蓮茶有個傳說。從前在中國，一位貧窮的妻子想為潛心於讀書的丈夫做些什麼，但生活困苦，什麼都給不了。妻子想來想去，最後想出了一個辦法——她在睡蓮闔上花瓣之前將麻布塊放入花中，隔天早上再取出來用溫水泡給丈夫喝。這成了睡蓮茶的由來。如今取得睡蓮茶的方法稍微有點改變，現在不用麻布塊，而是用麻布做成小袋子，先在袋裡放入茶葉，再放到花苞中。帶著睡蓮花整晚的香氣，甚至裝有隔日早晨露水的神祕茶飲，就是睡蓮茶。

---

*譯按：「송화」一詞在韓文為漢字音，漢字音一般出現在書面或學術資料中，給人較艱深的感覺，故作者補上純韓文名稱加以解釋。韓國人在稱呼植物時，口語上多以純韓文名稱呼，因此作者在書中介紹時經常同時標示植物的漢字名和純韓文名，方便讀者理解。

†譯按：原文옥편，指韓國的漢字字典，目前多以「한자사전」（漢字字典）稱呼。

從葉子和花蕊的模樣到特徵，睡蓮和蓮花的差異

有不少人將睡蓮直接稱為蓮花（*Nelumbo nucifera* Gaertn.），但蓮花和睡蓮很顯然是兩種不同的植物，長相也不同，從葉子開始就有差異。睡蓮的葉子漂在水面上，花也是在水面上綻開。蓮花的葉子則是高高地冒出水面，花也冒得高高地，綻放在葉子之間。

睡蓮和蓮花的葉子長相同樣不一樣。睡蓮葉有一端裂開，蓮葉卻圓圓的，長得非常完整。再者，蓮葉比睡蓮葉厚且不會被水弄溼，葉柄連結處還有凹陷。此外，葉子的大小也不相同。睡蓮葉直徑約二十公分，蓮葉直徑可達四十公分，長得很大。

睡蓮和蓮花的葉子還有另一個差異，那就是葉子的乾溼狀態。水面上的睡蓮葉經常是溼的，蓮葉卻非常乾，甚至有污濁感，但只有在蓮葉上才看得到水結成一顆顆滾動的水珠。睡蓮的葉子不僅總是溼漉漉，水在葉子表面也會自然地暈開，不像在蓮葉上留下水珠。蓮葉上的水珠與眾不同，完全不會弄溼葉子，在葉面上不斷滾來滾去，看起來就像晶瑩剔透的珍珠。

這是因為蓮葉具有「疏水性」，也就是說，葉子會和水疏遠。此獨特生態原理已在各領域中被研究過，特別是防水相關產業似乎打算借用。據說在研究初期，研究人員認為蓮葉防水是因為表面有細毛，但蓮葉的細毛反而會使水珠滲入整個葉子。另外，雖然

睡蓮（上圖）的葉子漂在水面上，蓮花（下圖）的葉子和花朵都冒出水面。

很多植物的葉子表面都有細毛，卻不像蓮葉一樣能使水珠在上頭滾動。對蓮葉做進一步研究後，最近已經確認了原因在葉子下方細長葉柄中不斷出現的波動。換言之，頂著大片葉子的葉柄會引起肉眼看不見的波動，使水珠在葉子的細毛上整顆滾動，不會滲透進去。

雖然解釋了葉子的差異，但講到蓮花和睡蓮的差異，一定得提及花的模樣。會結蓮子的蓮花花蕊部位，和睡蓮的截然不同。蓮花的花梗長在冒出水面的葉子之間，並在每個花梗頂端各開一朵花，花的內側有顯眼的倒三角錐形；睡蓮花裡只有華麗的黃色花蕊。

蓮子驚人的生命力

說起蓮花，不能不提到它旺盛的生命力。蓮花的

蓮花內側包著蓮花種子的倒三角錐形蓮蓬非常顯眼。

種子在一千年以後仍然可以發芽，韓國研究人員曾讓七百年前高麗時代的蓮花種子扎根開花。二〇〇八年五月，考古人員在發掘慶尚南道咸安郡城山城時發現了蓮花種子，經年代測定後發現是七百年前的種子，研究人員卻仍然成功地讓這批種子發芽，甚至開了花，真的非常令人驚訝。考量到該處在古代屬於「阿羅伽倻」地區*，這些蓮花被取名為「阿羅紅蓮」。

事實上，阿羅紅蓮的開花和日本「大賀蓮花」的開花相似，必須視為一特殊成果。大賀蓮花亦被稱為「兩千年蓮花」，是從有兩千年歷史的種子發芽、開出的蓮花，其種子於一九五一年在日本東京大學運動場的地層中被挖掘出來。由於發現該蓮花種子並主導發芽實驗的學者是大賀一郎，因此取名「大賀蓮花」。

蓮花雖然生長於池塘爛泥中，花和葉子上卻沒有沾染一滴污泥。大大的蓮葉一下子就冒出水面，蓮花則在繁茂的蓮葉之間露面，展現華麗風采，是我們夏天能觀賞到、為數不多的美景之一。

---

*譯按：伽倻是三國時代初中期由朝鮮半島南部六個國家組成的聯盟王國，阿羅伽倻是其中之一。

植物生活的原動力——光合作用

#光合作用過程 #植物的呼吸 #葉綠體 #葉綠素

樹木勘查只在白天進行，如果太陽下山，縱使有再急的事也會收尾，這麼一來，必須好好利用白天的時間才能充分勘查。我和親近的同事開玩笑時經常耍嘴皮子：「我們在可以行光合作用的時候不用吃飯。」由於我總是獨自勘查，在人多的餐廳坐下來好好吃飯不僅成了件麻煩事，我也不想在不歡迎客人獨自用餐的餐廳受到冷落。雖然大家都說最近一個人去餐廳吃飯的獨食族變多了，但勘查時順道經過的鄉下餐廳還是一如既往。由於種種原因，我省下了吃飯時間，以便在白天有太陽時在樹木旁多留一會兒。

雖是玩笑話，但如果我也能行光合作用就太好了，何必獨自去餐廳受冷落、浪費時間呢？在樹木旁停留的時間都不夠了。

按時吃飯這件事不僅對人類來說不容易，對動物來說也很辛苦。如果要吃飯，就必須去狩獵或採集，這要花多少時間和精力啊。偶爾吃了豐盛的一頓之後所補充的營養，會再次因為狩獵和採集而全部耗盡，簡直就是一場完美的零和賽局，所以才會出現「為了吃而活」這句話吧。

僅靠水和陽光存活的方法

樹木們只要靜靜站著望向陽光就能自動生成養分，多好！雖然從無法擺脫勞累的人類角度看來很輕鬆，但樹木為了行光合作用，其實必須十分拚命，畢竟行光合作用與否攸關自身性命。

世界上所有生物中，只有植物能夠自行製造養分，因為它們會行光合作用。包含所有科學知識在內，光合作用的原理和過程同樣十分複雜。由於光合作用是將光能轉換為化學能的過程，因此至少需要有基本的化學常識才能理解，但哪怕是簡單的過程，光合作用也已無人不知、無人不曉。

光合作用是生命在演化過程中的關鍵因素之一。英國生化學家和科普作家尼克・連恩（Nick Lane）在著作《生命的躍升：四十億年演化史上最重要的十大關鍵》（*Life Ascending: The Ten Great Inventions of Evolution*）裡，列舉了生命在演化過程中最重要的十大關鍵，其中第三個便是光合作用。連恩在書中以「若是沒有光合作用，世界會變成什麼樣？」此一提問揭開章節，第一個回答則是綠色會消失不見。負責光合作用的葉綠體呈綠色，沒有光合作用代表了葉綠體會消失，也就是綠色會從地球上消失不見。葉綠體是行光合作用的胞器，是所有生命的原動力。人們經常從生成養分的角度探討光合作用，但連恩還探討了顏色，觀點非常新鮮。

接著他表示藍色也會消失。如果天空要是湛藍色，空氣就必須乾淨，而葉綠體的特點便是能夠將空氣淨化乾淨。最後尼克·連恩稱：「光合作用是『僅靠水和閃耀的陽光存活的方法』，它不僅是生命的原動力，也是讓今天的地球最像地球的作用。」

與光合作用相反的是植物的呼吸

簡單來說，光合作用就是利用陽光、二氧化碳和水製造出糖，在此過程中，氧氣會被釋出，因此氧氣

植物若不再行光合作用，葉綠體就會消失，使世界失去綠色。

是光合作用的代謝物。植物不僅會透過光合作用製造養分，養活地球所有生命，還扮演了至關重要的角色，使生命能夠呼吸。每個生命都需要氧氣才能存活，當然也有例外，多細胞生物線蟲就生活在沒有光照也沒有氧氣的黑海深處，只有牠能夠不靠氧氣維持生命。

談到光合作用不能不提呼吸。呼吸和光合作用的流動方向完全相反。光合作用吸收二氧化碳，最後將氧氣做為代謝物排出；呼吸則反過來，是吸進氧氣，吐出二氧化碳。也就是說，植物行光合作用所吸收的光能會在呼吸中再次釋放出去。光合作用和呼吸如此這般往彼此的反方向流動，形成永恆的平衡。

科學家們解釋，光合作用的運作原理非常簡單，只要在二氧化碳中加入電子，並再多加入幾個質子就能立即製造糖。而這個糖，就是供給我們養分的來源。

電子加減的場所即是葉綠體。葉綠體這個名字是由表示樹葉的「葉」和表示綠色的「綠」組合的合成詞*，指的是被包含在樹葉細胞裡面的圓形或橢圓狀小構造（關於該構造，另於一七八頁〈太初時就有細菌〉探討）。在葉綠體獨特的膜體構造內有葉

---

*譯按：葉綠體一詞在韓文是漢字音「엽녹체」，故作者針對此點加以解釋。

綠素，葉綠素擔任發電廠的角色，負責製造糖。葉綠體的實際構造長得就像複雜的發電廠，裡頭基本上有無數個圓盤層層堆疊，連接這些圓盤的管子則複雜地相連在一起。

雖然葉綠體無法用肉眼觀看，但據說被無數管子連接在一起的圓盤長得像細菌。縱使無法百分之百理解光合作用的原理，這裡只要知道光合作用在維持生命方面十分重要，然後繼續翻到下一章。

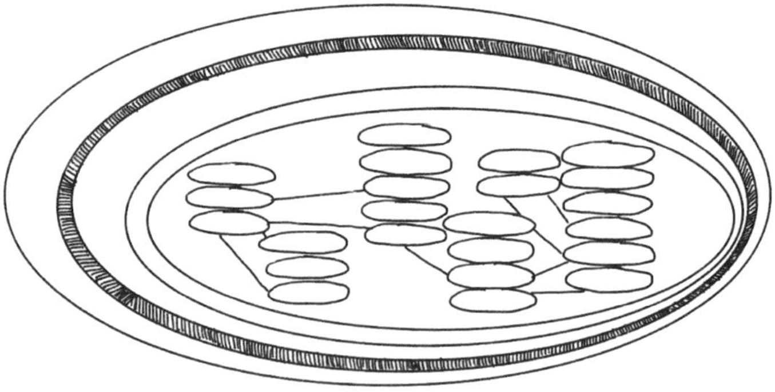

長得像堆疊了無數個圓盤的葉綠體構造圖。
在葉綠體獨特的膜體構造內的葉綠素擔任發電廠的角色，負責製造糖。

綠色都一樣嗎？

#櫟屬類 #栓皮櫟 #葉子的正反面

夏天的樹林蔥綠，「綠陰幽草勝花時」意指碧綠色樹葉勝過百花的季節，也就是夏天。

綠色並不是只有在特殊的場所才能感覺到，只要不是擦肩而過，所有樹林裡都能充分感受到綠色。然而，並非所有被稱為綠色的顏色都一樣。雖然都說樹葉翠綠，但就如同字典的釋義，「翠綠」所指的顏色範圍相當廣。字典裡將「翠綠色」解釋為「如秋季晴空、深海或草的顏色般清澈又鮮明的顏色」，但包含在「翠綠色」裡的「綠色」，範圍同樣不容小覷。

戲劇性的情況出現在颳風時。你看過颳大風時的樹林嗎？從遠方靜靜看著樹林時，若一陣風吹過，樹葉就會搖搖晃晃的，闊葉樹的寬葉這時則會不停翻動。如果從遠處看，有時會誤以為樹林的某處開了白花，但其實是樹葉正反面的顏色不同所造成的錯覺。根據樹葉的不同，正反面的綠色濃度也不同，或是葉子的背面乾脆呈現白色或灰色。這種樹木的葉子若是翻了個面，從遠處看就像盛開的花朵。

當然，也有不少葉子的正面和反面都是相同的綠色，不過大部分的葉子兩面顏色不一樣，比如櫟屬類。有六個被歸類為櫟屬種的樹木我們經常稱為「橡樹」，分別是栓皮櫟、槲櫟、枹櫟、麻櫟、蒙古櫟和槲樹。下面就來探討這些樹木的葉子顏色。

栓皮櫟葉的正面和反面不同

栓皮櫟葉的背面密被灰白色星狀毛，不同於正面是鮮明的綠色，背面呈現明顯的灰白色。槲櫟葉的表面是閃亮的綠色，背面則與栓皮櫟相同為灰白色。枹櫟葉的顏色雖然有濃有淡，正反兩面的綠色差異卻不大。麻櫟葉的正面無毛，有閃亮的光澤，但背面因為有短毛而給人暗淡的感覺。槲樹葉的正反面一開始都

栓皮櫟葉的背面呈明顯的灰白色，長有密毛。

長有褐色星狀毛，之後正面僅剩葉脈有毛，背面的顏色和氛圍則非常相似。最後，蒙古櫟葉的正面是帶有光澤的深綠色，背面卻是帶強烈黃色的綠，幾乎呈現黃綠色。經常被稱為「橡樹」的殼斗科葉子顏色同樣存在著像這樣的差異。綠並不都是同一個綠。

當葉子背面呈明顯灰白色的栓皮櫟和槲櫟群集生長的樹林中起風時，顯眼的綠色和灰白色會隨風飄盪。它們靜止不動時樹林是綠色的，但每一次起風，部分樹葉翻動，灰白色就顯露了出來。這時若剛好陽光照耀，灰白色的葉子會反射出光芒，使葉子看起來猶如成群結隊綻放的花朵。

不僅如此，樹葉們既有深綠色也有淺綠色，每棵樹的顏色各不相同。

我參加過在全羅南道羅州舉辦、關於「都市森林的生態」的專題研討會，當時曾和負責拍攝的導演參觀了羅州市。由於當地以「羅州梨」出名，因此有很多梨樹果園。果園外圍建了名叫「創新城市」的新都市，附近地區也有保持完好的茂密森林。不僅有像小山一樣小規模的自然森林，也有像樹木園一樣打造的人工森林。那裡有許多大大小小、各種型態的樹木群落。我一邊參觀各式各樣圍繞都市的樹木群落，一邊清楚理解到，森林雖然是森林，但每座森林各有特點和氛圍。特別是從遠處觀看各種群落時，更能感受箇中差異。雖然只稱其為綠色森林，遊覽城市各處時將無比清楚地知道，它們的色彩不盡相同。

夏天的顏色，生命旺盛的聲音

我再次思考「綠陰幽草勝花時」這句話。這是指沒有花能夠戰勝夏天的綠蔭，不過更仔細觀察會發現，夏天還是有一些花會炫耀自己的存在感，氣勢壓過了綠蔭。比如百日紅，因為在夏天綻放百日紅花，所以被稱做「百日紅」，後來又有了漂亮的名字「紫薇」；同樣開一百多天的花、每天開花三十朵以上的木槿也是如此。

再考慮到綠色都不盡相同，我想，說世界都是一個顏色未免太草率下定論了。「夏天讓世上所有樹木接受大太陽的照射，培養出最旺盛的生命力，我們才聽得到生命更多樣的生氣勃勃的聲音。」我認為以這樣的態度看待夏天，反而才是親近植物的適當心態。

先開花，還是先長葉子？

#沒有葉子就開花的植物 #養分儲存方式 #鹿蔥 #紅花石蒜

和花或果實相比，植物的葉子確實較不起眼，從植物學教科書中也能看出人們對葉子的探討似乎沒有像花和果實那般重要。好比植物分類學就把葉子擺在一旁，以花和果實（也就是生殖器官）來為植物分類。分類學之所以關注花和果實，是因為這兩者在生物的演化過程中變化最小，縱使歲月流逝依然維持著早期分類的特性，絕對不是無視葉子的重要性。

葉子是能夠製造養分、使自己生長的組織，因此在植物的生存過程中至關重要。葉子上有植物重要的特徵，在觀察葉子時，需要比觀察其他任何地方更加細心，真的需要長期地、仔細地觀察。

有些植物需要經過長時間觀察才能完全了解它的特徵。六、七株成群生長的鹿蔥（*Lycoris squamigera* Maxim.）就屬於這一種。鹿蔥會在初秋開出特別的紅色花朵，這種沒有葉子的草花總是站得筆直地向觀看者投以悲傷的問候。看到鹿蔥一片葉子也沒有，從抽出的花梗尾端綻放出粉紅色的模樣，只覺得有些寂寞。若想起它的花語「相思」——意謂著思念某人——寂寞感就更強烈了。鹿蔥的花和葉子互相思念卻始終無法相見，相當淒涼，因此被取名「相思花」。

在沒有葉子的狀態下開花的祕訣

鹿蔥在花梗長出來很久之前的春天會先長出葉子，也就是說，鹿蔥開花的地方不久前還有葉子存在，但花開之前不會被注意到，所以要想起葉子並不容易。一般來說，一株鹿蔥的花梗大約可以長到六十公分，約莫是成人的膝蓋。一支花梗的頂端大概會長四朵到八朵大大的花，因此鹿蔥的花梗比其他植物來得粗且結實，即便如此，支撐花朵時看起來還是有些柔弱。

一株鹿蔥的花梗在沒有葉子的狀態下大概長有四到八朵大大的花。

再加上鹿蔥連一片能夠蒐集陽光和二氧化碳以製造養分的葉子都沒有，令人吃驚。鹿蔥慣於在沒有葉子的狀態下開花，春天時會提早長出葉子，努力製造養分。它會在被稱為鱗莖的地下莖中慢慢累積養分，待累積了一定程度的養分、做好享受夏日榮華的準備後，做完分內事的葉子們就會消失得無影無蹤。這時，鹿蔥的花梗才會抽出土壤並開花。相當於只靠必要的養分度過一年。

鹿蔥和紅花石蒜的差異

有一種植物開的花和鹿蔥的氛圍相仿，那就是紅花石蒜（꽃무릇）。紅花石蒜和鹿蔥很容易混淆。紅花石蒜同樣是在高達五十公分的花梗上、於沒有葉子的狀態下開花，和鹿蔥相似。即便紅花石蒜也被稱作相思花，兩者顯然是不同的植物。此外，雖名為「꽃무릇」（紅花石蒜），植物分類學中卻以「석산」（石蒜，*Lycoris radiata* (L'Her.) Herb.）來稱呼*。「石蒜」似乎無法展露出「紅花石蒜」一名蘊含的輕柔形象，因此我還是以紅花石蒜稱呼。

*譯按：꽃무릇（紅花石蒜）為純韓語名，석산（石蒜）為韓文漢字名，故作者針對此點加以說明。

紅花石蒜一般都是多支種植栽培，因此相較於仔細觀察單一一朵花，大部分人更喜歡它低低矮矮地鋪在地上的氛圍。由於紅色的花有著向外凸出的花蕊，只要靠近仔細看，將能感受到另一種美。紅花石蒜的一朵花有六根雄蕊，開花時是很多朵聚集在一起開花，花蕊看起來比實際上還多。約有八公分長的花蕊往花朵外邊探頭的樣貌好不華麗，和鹿蔥的花蕊在花朵內部低垂綻放的模樣完全不同。

雖說鹿蔥和紅花石蒜的氛圍相似到容易混淆，但有些好方法可以識別。首先，鹿蔥的花是粉紅色，紅花石蒜則是紫紅色，這點明顯不同，花蕊長度也有差別。此外，兩者開花的時機不一樣——鹿蔥初夏會先開花，紅花石蒜則要到鹿蔥花朵凋謝的初秋才開花。熟悉這些差異的人馬上就能分辨。

紅花石蒜的花蕊長到花朵外，比鹿蔥的花蕊長很多。葉子即使在花朵凋謝後還是會留下來度過寒冬。

長綠葉的紅花石蒜的冬天

最關鍵的差異是葉子長出來的順序。鹿蔥在春天長出葉子，在夏天抽出花梗開花；紅花石蒜相反，先開花，然後長葉子。不同於鹿蔥先長葉，葉子在花開後消失得無影無蹤，紅花石蒜開花前安靜得一點動靜都無，近乎寂靜，然後突然抽出花梗開花，接著直到花凋謝後才長葉子。

這時已經進入深秋，其他樹木開始落葉，忙著為過冬做準備，紅花石蒜卻一副要以長著綠葉的姿態過冬的樣子。即使是下雪的寒冬，紅花石蒜依然泛著綠色。我曾在栽培許多紅花石蒜的全羅南道靈光的佛甲寺，或全羅北道高敞的禪雲寺等地看過這般景象。白雪皚皚的冬天，整個世界都是純白寧靜的風景。當時的禪雲寺從入口開始就宛如白雪之間鋪了綠色地毯，那正是紅花石蒜在花朵凋謝後長出來過冬的綠葉，且不只一兩株，而是整條路都鬱鬱蔥蔥，美景令人至今難忘。

只要留意鹿蔥和紅花石蒜開花的位置，之後再重新觀察，就能確實知道兩者的差異。換句話說，注意花朵凋謝的位置是否會長出新葉即可。若花凋謝的位置冒出了綠葉，那就是紅花石蒜；若沒有一點痕跡，就是鹿蔥。

雖說世界上所有生命都應該如此，但即使是草花，我們也同樣無法在一瞬間看到或感受到它的全部。尤其是生長速度緩慢的植物，要了解它們最好的方法只有一看再看、經常觀察。再一次觀察並嘗試區分鹿蔥和紅花石蒜的這份努力，也應該延續至觀察其他草花上。

秋天的顏色，楓紅

#櫸樹 #離層 #落葉 #花青素成分

當秋風吹起，樹木們便開始褪去辛苦製造養分的夏天之綠，露出隱藏在葉片之間的枝頭。楓紅可說是樹木結束一年勞動後展開的慶典。樹木是靠光照生存的生命體，而在入秋後舉行的色彩慶典則是展示這一點的美麗佐證。

秋風一吹，從春天到夏天一路靠光照生存下來的樹木會先結果，雖然結得緩慢，結出來的果實卻比一年中任何時候都飽滿、結實。此時所有樹木都會長出纍纍果實。果實的顏色會根據秋天的腳步快速變化。從黃到紅，或是從晶瑩的紫色到漆黑的黑色，樹木們用各自的色彩結果。儘管大部分尚未熟透的果實多和樹葉一樣呈綠色，但之後會徐徐轉變成美麗又成熟的顏色。

楓紅不是只有紅色

比果實更早改變顏色的是葉子，也就是紅葉。提到

「紅葉」，大家最先想起的應該是紅色的楓樹吧。當然，「丹」意指紅色*，但楓紅不是只有紅色，看到變黃的銀杏葉，我們也會說它「染成了紅葉」。歸根結柢，我們稱的「紅葉」泛指在秋天變換的所有顏色，英語國家稱紅葉為「Autumn color」（秋天的顏色），也是基於此因。

隨著秋風透進，倉促之間，葉子上浮出了數不勝數、五花八門的顏色。銀杏葉轉黃，槲櫟葉和栓皮櫟葉呈現明顯的紅褐色，掌葉槭的葉子則變得鮮紅。每種樹各有各的秋色。

也有樹木雖屬同種，紅葉顏色卻各不相同，代表性例子當屬櫸樹。櫸樹就算站在一起，紅葉的顏色也不一樣，這是櫸樹與眾不同的特點。也就是說，有染紅葉的櫸樹，也有以亮褐色度過秋天的櫸樹。

紅葉的顏色會根據每棵樹的成分有所不同。以櫸樹而言，即便同樣是櫸樹，紅葉的顏色也有很多種。

產生離層進入冬眠

對樹木來說，秋天到底是個忙碌的時期，而且忙碌程度不亞於其他季節，因為必須為冬天這受苦受難的季節做好萬全準備。如果秋天活得太過鬆散，就無法抵擋即將面臨的北風寒雪，甚至可能喪命。為了在冬天放長假，樹木必須做很多事前準備。這是世世代代、戰勝了數千年冬天的樹木的過秋策略。

感受到秋天氣息的樹木本能地最先做的第一件事，就是在連接葉子和樹枝的葉柄基部形成新組織「離層」（因為是葉子掉落的地方，因此也稱「脫落區域」）。離層雖然細微，但能養出結實的體格。之所以用離層阻擋生命的通道，讓水不被拉上來，是因為樹木有信心，就算不再靠光合作用製造養分也能繼續結果實。懷著對一年持續下來的勞動和收尾的自信，樹木如同其他動物，準備進入冬眠。

最終，葉柄基部形成的離層會完全阻擋水和養分進出的通道。水本來順著樹皮的管道上下流動，樹皮對於樹身外部的氣溫變化最敏感，離層既然擋住了水的流動通道，水就再也無法從根部上來。這個策略是為了減去殘留在管道裡的水分，若水結成了冰，管

＊譯按：紅葉的韓文漢字為「丹楓」（단풍）。

道就會爆裂，稍有不慎還可能死亡，因此在氣溫降到攝氏零下之前，樹木必須把水清除乾淨。

落葉的防蟲效果

葉子一片又一片枯萎，需要陽光、二氧化碳與水才能進行的光合作用如今無法運作，負責行光合作用的綠色葉綠素失去活力而倒下，輪到楓紅展開色彩慶典了。

由於每棵樹成分不同，葉子因之呈現黃色、紅色或褐色等五顏六色的色彩。像銀杏或刺槐一樣轉成強烈黃色的樹木含有類胡蘿蔔素的成分；像掌葉槭或衛矛等染成華麗紅色的樹木是因為內含許多花青素；像美國梧桐或櫟屬類一樣染成褐色的樹木成分中則有許多單寧。樹木們一整年下來不停地製造養分，養活這片土地上的生命，如今它們放下勞動的辛勞，準備進入冬眠。樹葉染上的顏色，是生命在苦日子之後製造出來的絢麗生命慶典。

為了進入冬眠，樹木還剩下一些事情需要收尾，那就是將美豔的紅葉落到地上，用乾枯的紅葉覆蓋根部附近的區域。各種顏色的楓紅當中，由花青素製造出來的紅葉們的策略最令人詫異。掉下來覆蓋住根部土壤的紅色落葉不久後就會變成灰褐色，因先前染到葉子上的紅色花青素滲入了樹根附近的土壤。花青素是一種抗氧化劑，具有強烈的抗氧化效果，在阻擋蚜蟲等害蟲侵襲方面也相當卓越。也就是說，樹木會中斷生命活動，像動物一樣進入冬眠，並在進入冬眠的無防備狀態下，將防治害蟲的成分落到根部附近，進行自我保護。

樹木一整年默默的生活就這樣結束，終於來到靜靜睡覺的時候了。樹木必須獨自在風雪交加的原野上戰勝寒風，這是它的宿命。雖然看似寧靜，但這一覺不能有一絲鬆懈。世上所有生命都有各自的風采和美麗，在那份美麗之中，少不了生存的迫切。花、果實和紅葉，都是樹木做為一個生命，在這塊土地上為了生存而展開的吶喊。到了秋天，我們都應該走進染得紅通通的樹蔭下，久久地傾聽樹木演唱的生命之歌。

落葉是樹木為了過冬的準備

#落葉樹 #營養 #葉痕

我小時候曾經一心期盼樹葉落下。由於家境清寒，書本得來不易，書對我來說非常珍貴。當時的我會一頁一頁慢慢地再三閱讀，並因為想珍藏書本，或說想把書保管得更漂漂亮亮，甚至會把剛掉下的落葉做成書籤。

樹木掉葉子代表什麼呢？落葉並非指生命的最後一刻，樹木的生命不會因為落葉而受到影響。如同前一章觀察到的，樹木有時也會用落葉確保自己能夠安全度過漫長的冬眠。落葉只是綿延不絕生命中的某個段落，以人類來說，就和頭髮在迎來特定時期時會一根根落下一樣。

針葉樹也會掉葉子嗎？

在樹木的生活中，落葉是一件很自然的事情。不僅落葉樹，一年四季常綠的赤松等針葉樹、像山茶樹或日本衛矛一樣葉子寬大的常綠樹也會掉葉子。只不過常綠樹是一片、一片地依次掉下葉子，看起來就像沒有掉葉子似的。

以針葉樹而言，每次長出來的葉子大概會留在樹上三至五年，當然也有例外，自然界中總是有例外。有一種特別的針葉樹，雖然是針葉樹，但長出來的葉子足足能維持四十五年不會掉落，那就是位於美國內華達山脈，以世界上最古老的生命體聞名的刺果松（Bristlecone Pine）。壽命足足超過四千五百歲的刺果松之所以能夠度過如此漫長歲月，祕訣在於它緩慢的生長速度，因此很自然地，葉子也是慢慢地掉落。

白天時間變短就是落葉的開始

落葉樹會在結束一年時落葉，掉下葉子之前，樹木需要為冬天做準備。從春天到秋天這段葉子為了養活樹木而行光合作用的期間，葉子會老化，這是它的

美國內華達山脈的針葉樹「刺果松」以世界上最古老的生命體聞名，掉一束葉子需要花上四十五年。© Wiki commons

勞動結果。老化過程中，葉子裡的澱粉和蛋白質被分解成糖與胺基酸，樹木會將這些養分移到莖部。如此一來，就算葉子之後掉了，努力製造的養分也能留在樹木裡。

待白天時間變短，樹木就會開始準備落葉。雖然氣溫變低也是個關鍵，但比起氣溫，植物對白天的長短變化更敏感。若白天時間變短，樹木便會意識到冬天即將到來，本能地計算掉葉子和不掉葉子哪一邊的效率比較高。如果不掉葉子，葉子裡的葉綠素就算數量少，仍會進行些許光合作用，但白天時間變短也降低了光合作用的效率，要維持樹葉則需要一定的能量。樹木能夠聰明地計算出所需的能量，如果行光合作用製造出來的能量多於維持樹葉所需的能量，當然就沒有必要掉下葉子，但秋天的計算結果表明，維持樹葉所需的能量更多。

美國梧桐的葉子。冬季的白天變短，光合作用減少，是樹木落葉的原因之一。

計算不是只有這樣而已，還存在其他變數，那就是必須考慮冬天的氣候。冬天除了低溫，還很乾燥，若氣候乾燥，蒸散作用會更旺盛，水分就會從葉子中蒸散掉。若失去太多水分，可能會不利於樹木過冬。樹木計算完畢，決定掉葉子。前面提到樹葉只要感受到冬天的氣息便會馬上製造「離層」，讓水不再從根部被拉上來，而下一個順序就是樹葉失去綠色，轉變為楓葉。

然後再過一段時間，葉子就會掉落。葉子掉落的地方會留下痕跡，也就是植物學中說的「엽흔」（葉痕），純韓語是說「잎 자취」（葉子痕跡），國立樹木園發行的《簡單易懂的植物術語》（알기 쉽게 정리한 식물용어）則稱為「잎자국」（葉跡）。葉痕是把水從樹枝輸送到樹葉，或把樹葉製造的養分輸送出去的通道切面。葉痕依樹木而異，因此對專家們

臭椿的葉痕。葉痕是把水從樹枝傳送到樹葉，或是輸送樹葉養分的通道切面。
© Wiki commons

來說，同樣屬於重要的植物觀察課題。據說專家們甚至可以只憑葉痕來識別樹木，但這對一般人來說很難。

樹木落葉的原因

樹木落葉的原因大致可以整理為兩點。第一，隨著白天時間變短，天氣變冷，樹葉進行光合作用變得困難。若氣溫降低，土壤的水分也會一起結凍，樹木的根很難吸水上來。到頭來，樹木在冬天時不容易利用陽光和水分，等於是白白浪費能量來維持葉子。

樹木落葉還有另一個原因，冬天時積在樹上的雪將造成問題。雪和雨水不同，雪會積在樹葉上，也會就地結冰；雨不管下了多少都不會停留在葉子上。如果樹上積雪，樹枝會因為無法承受積雪的重量而彎曲，甚至連樹幹都會折斷，最終可能導致樹木死亡。為了防止這種致命的事件發生，掉下葉子過冬對樹木來說比較有利。

不僅如此，樹木落葉還包含了針對未來的應對計算。雖然落葉在都市裡被視為「髒亂的垃圾」，一下子就被清掃、處理掉，但在自然狀態下，落葉對樹木來說不可或缺。堆在樹根旁的落葉會慢慢腐爛成為肥料，沒有什麼肥料比腐爛的樹葉更好。也就是說，樹葉縱使死去，也會成為下一個生命的養分。

一旦理解後就知道，大自然其實和人類一樣，會以縝密的計算來延續自己的生命，甚至不會隨便浪費任何一處。落葉讓我們看到，世界上所有大自然都以不斷運作的循環環節延續著。

即使在冬天，也有樹木轉紅葉？

#銀杏 #落葉雨 #南天竹 #常綠樹

韓國有幾棵又大又古老的銀杏（*Ginkgo biloba L.*），其中，我曾在原州皤溪里的銀杏樹蔭下迎接深秋，當時的樹葉整個都染成了泛螢光的黃。隨著這棵樹為人所知，如今該地遊客絡繹不絕，不輸旅遊景點，但約莫二十年前，我還能在巨大的樹蔭下獨自沉浸於思緒之中。那一天，我同樣獨自看著樹木消磨時間，風一呼呼吹來，樹木就開始掉下黃色的銀杏葉，不斷飛舞的黃色落葉像是用力敲打著我的頭和後背，很是強烈。

當時我突然想起了「落葉雨」一詞。人們經常用「櫻花雨」形容春天盛開後又凋謝的櫻花，我認為落葉的美不亞於櫻花，若要形容像驟雨般突如其來的落葉，用「雨」來比喻似乎再恰當不過，應該也沒有比「落葉雨」更好的形容了。雖然這個詞並沒有被記載在韓國語辭典裡，但我認為這個形容真的很貼切。從那時開始，只要談到落葉，我經常使用「落葉雨」一詞。落葉雨這番形容，因為冷門所以更有味道，除此之外，它還讓人聯想到櫻花雨，並和櫻花雨有個對比，這也是我無法放棄用落葉雨來形容的原因，畢竟葉子的美麗不輸花朵，功能也同樣重要。樹葉從春天到秋天辛苦地善盡生命的原動力角色，然後在最後一刻改變顏色再掉落，還有比這更美好的生命關鍵時刻嗎？

世上所有樹葉都很美，只不過樹葉長時間出現在我們眼前，我們習慣了它們的存在，因而感受不到它們的美麗。然而，就和花開花落的瞬間一樣，任何人都能感受到葉子變成紅葉後掉落那一瞬間的莊嚴之美。

南天竹特徵：圓錐花序和紅色果實

感受到銀杏落葉雨帶來的感動後不久的某個冬日，我前往江華島梅花藻群落附近某一間雅致的茶館，幾天前降下的大雪那時尚未融化，茶館四周一片雪白。我坐在窗邊一邊品嘗清香的茶，一邊看著窗外，一株矮小、長著紅葉的樹木映入眼簾，那是一眼就能認出的南天竹。

南天竹（*Nandina domestica* Thumb.）屬於小蘗科，是一種在中國和日本也看得到的矮小常綠樹，適合生長於南方，對空氣污染抗害力強，相當適合種植在城市裡。南天竹長得再好，高度也不會超過三公尺，種來當作造景樹再適合不過。直到不久之前，南天竹都很難在韓國中部地區的露地過冬，但最近那邊栽培了不少南天竹做樹籬，城市近郊公園經常看得到用南天竹裝飾的圍籬。

夏初，南天竹會於梢頭開出白色圓錐花序（指花依附在莖或枝條上的狀態）。南天竹不僅花序美，冬天結的紅果實也很漂亮，但它真正美的地方是葉子。南天竹是常綠樹，葉子稍厚，不過當然了，和山茶樹、日本衛矛與枸骨相比就很嫩，再加上是複葉生長，葉子比任何常綠樹都小。南天竹葉的一枝葉柄兩側以羽毛形狀依序長出小型葉片（小葉），屬於「羽狀複葉」，但小葉稀疏，看起來更顯嬌嫩。那一片片的小葉真的很美。沒有葉柄的小葉下方圓潤，愈往上愈尖，可稱得上銳利。所有葉子中，小的長度不過三

南天竹的小花在夏天成群地開成錐形。

公分，長的也就十公分左右。由這些小葉子稀稀疏疏長成的羽狀複葉，我愈看愈覺得美麗。

常綠樹上難見的冬楓

美麗的葉子在冬天尤為顯眼。吹起冬風時，南天竹會在夏天開過花的地方結果。最長不過直徑八毫米的果實雖小，但結得通紅，成群結對形成錐狀，好不漂亮。皚皚積雪中，紅果實說不定比葉子更引人矚目。

然而，冬日的南天竹真正美麗之處是轉紅的葉子。常綠樹的葉子大部分在冬天仍然保持著綠色，南天竹卻不一樣，雖然是依舊長有葉子的常綠樹，葉子卻會變紅。葉子是綠色時很漂亮，以紅葉度過冬天的模樣則令人覺得十分神祕。只要看過葉子下方泛紅的莖和枝條，就會記住南天竹在冬天的模樣。同時長著

南天竹為羽狀複葉，葉柄兩側的小葉呈羽毛形狀。

紅色果實和紅葉過冬的南天竹展示出來的冬楓之美，恐怕很難在任何一種常綠樹上找得到。

不論是讓人一邊淋著落葉雨、一邊深刻感受到秋天的銀杏，或在冬日皚皚白雪中依然長著紅葉的南天竹，都讓人再次想起樹木真正美麗的地方——葉子。

懸鈴木二十四小時空氣淨化中

#美國梧桐 #日本花柏的針葉 #氣孔 #霧霾

每到春天人們就經常談論樹木，特別是對住在城市的人來說，樹木是不得不討論的話題。春天無疑是個美好的季節，但韓國的春天有個缺點，那就是天空經常因為霧霾和沙塵而霧濛濛的。每逢此時人們就會想起樹木，因為儘管政府提出了各種霧霾解決對策，還是沒有比樹木吸附懸浮微粒更有效的辦法。

其實城市裡有很多樹，也許不比山村和農村少。當然，以棵數來算的話，城市的數量一定少於被樹林圍繞的農村，但以種類來說，城市的樹木種類更多樣。城市裡最顯眼的樹木無疑是行道樹，即使人們的視線不會多做停留，每條道路都有行道樹。行道樹的種類很多，有像山櫻、流蘇一樣綻放美豔花朵的樹木，也有像水杉一樣高聳的大樹，當然也有像銀杏那樣為你我熟悉的樹木。

為什麼會成為城市裡的樹呢？

行道樹中種類最多的大概是經常被稱為「懸鈴木」的美國梧桐（*Platanus occidentalis* L.）。美國梧桐究竟何以成為世界上受歡迎的行道樹呢？它既不像山櫻和流蘇會開出漂亮的花朵，樹皮還花花綠綠的，就像長了癬的臉，外表並不是那麼美麗或清秀，不是嗎？

這是有原因的。若考慮到種植行道樹的目的是要打造綠油油的城市，那麼大部分會是闊葉樹最合適。在此基礎之上，若樹木對廢氣和空污抗害力強，甚至還具備淨化懸浮微粒等污染物質的能力，那更是再好不過，而美國梧桐便是這類樹木中最具代表性的。

你可能已經從名字中猜到了，美國梧桐是懸鈴木的一個種類。學名為「*Platanus*」的樹木都是懸鈴木，其中有法國梧桐與美國梧桐*，只要這樣理解就

被稱為懸鈴木的美國梧桐因其寬葉表面的細毛，懸浮微粒的吸附能力強。

可以了。法國梧桐和美國梧桐有些許不同，法國梧桐的葉緣裂得較深，美國梧桐的葉緣雖呈齒狀但裂得並不深。若說近來在城市街道上看到的大部分懸鈴木都是美國梧桐恐怕也不會錯，因為法國梧桐很難找到。

樹葉上利於吸附懸浮微粒的細毛

美國梧桐身負在廢氣問題嚴重的路旁淨化空氣的義務，披覆著黑色灰塵過生活。樹木吸收懸浮微粒和廢氣的原理很簡單，就和人類一樣，植物同樣需要呼吸，而植物呼吸的器官便是葉子上微小的呼吸孔，稱為氣孔。雖說是呼吸，但這裡的呼吸和人類有些不同。植物在白天吸收二氧化碳，行光合作用後排出氧氣；夜晚則相反，吸進氧氣、吐出二氧化碳。到頭來，空氣會透過葉子表面的微小氣孔一整天不停地進進出出。討論懸浮微粒時，葉子吸進的是氧氣或二氧化碳並非重點，只要著重在空氣會進出就行了。

城市的空氣中有許多懸浮微粒，不管是氧氣還是二氧化碳，懸浮微粒都會跟著進進出出的空氣經過氣孔並被氣孔吸附。空氣中的懸浮微粒既然會黏在樹葉上，空氣中的懸

＊譯按：法國梧桐學名 *Platanus orientalis* L.。

浮微粒便會減少，所以氣孔愈多，能夠吸附的懸浮微粒量就愈多。

哪一種葉子的氣孔多呢？雖然每棵樹都不同，但一般來說，葉子表面愈寬，氣孔數愈多。所以我才會想起美國梧桐。

美國梧桐的葉子比任何樹都來得寬，再加上它對廢氣或空氣污染的抗害力強，所以更適合做為城市的行道樹。同時，美國梧桐寬大的葉子表面長著密密麻麻的絨毛，這些絨毛十分細小，乍看之下無法分辨，但它們在吸附懸浮微粒和廢氣方面能力超群。

美國梧桐能吸進城市裡的髒空氣並淨化城市，沒有其他樹木比它更適合當行道樹，因此世界各地都將美國梧桐做為行道樹。相傳甚至連在西元前五世紀，空氣污染不是那麼嚴重的希臘，都曾種植懸鈴木種類的樹木做為行道樹。

日本花柏鱗葉的懸浮微粒吸收量

我再補充一個有趣的故事。韓國國立山林科學院前不久發表的研究結果中選出了「適合做為城市行道樹的樹種」。該結果表示，日本花柏（*Chamaecyparis pisifera* (Siebold & Zucc.) Endl.）吸收懸浮微粒的能力比美國梧桐更優秀。日本花柏和圓柏、側柏、日本扁柏同樣屬於柏科，葉子與圓柏相似。雖然這些柏科樹木的葉子也被稱為針葉，但更詳細點的用語是「鱗葉」，因為它們的葉子雖然同一般針葉樹細長，像針一樣細長的葉子卻如魚鱗般密密分布。你可能有所質疑，這些細長的鱗葉如何能比葉子寬大的美國梧桐吸收更多懸浮微粒。據研究結果表示，日本花柏的葉子表面上有相當多的細小皺紋，如果將皺紋拉展開來，就會出現不亞於美國梧桐葉子的廣大面積。另外，日本花柏葉子的表面有比美國梧桐更多的氣孔，再加上秋天時美國梧桐的葉子會枯萎，日本花柏由於是常綠樹，即使冬天也會不停吸收懸浮微粒，因此整體來說，日本花柏的懸浮微粒吸收量當然比較高。

環顧四周，無論是美國梧桐或日本花柏，樹木都會吸收空氣中人類製造的各種髒污，淨化人類的生活環境。樹木給人類帶來的好處無窮，我們心懷感激。

日本花柏密密麻麻的鱗葉表面上有許多細小皺紋，因此氣孔很多，不輸美國梧桐的葉子。

樹葉循環利用的地方

#東北紅豆杉 #抗癌成分 #堆肥場

世界上所有樹木都是人類生活的重要材料，只要談到樹木的利用，恐怕不管怎麼說都會先想到木材，這非常理所當然，畢竟那是樹木最明顯的用途。其次應該會想到將果實當成食物。秋天時柿樹上結的柿子、栗樹上結的栗子，都是非常美味的食物。

即使不像木材或果實那樣明顯，樹木的用途也多到不計其數。樹木經常被當作藥材，日常服用的藥品成分大多來自植物，只不過因為很難一一確認製造過程，所以不引人注目。比方說，我們不妨回想一下《東醫寶鑑》，這本書記載了幾乎所有關於人類罹患過的疾病處方，裡頭的藥材大部分都是植物。不只韓醫如此，西醫也有很多以植物為原料的藥物，或者我們可以說，大部分藥物都是以植物為原料。

被當作抗癌劑的東北紅豆杉

讓我們來看看東北紅豆杉（*Taxus cuspidata* (Siebold & Zucc.)）。東北紅豆杉在白頭大幹地區*生長較多，莖略顯紅色，因此以意指紅色的「주」（朱）和樹木的「목」（木）字取名†。由於是抗癌劑的原料，東北紅豆杉在現代醫學界中備受矚目。

生長速度緩慢的東北紅豆杉有「活千年，死千年」的別名，意思是即使死了，它幾乎全身上下都能用在人類的生活中，沒有一處毫無用處。據說朝鮮時代曾用東北紅豆杉當弓箭材料，射程比以前用山櫻做的弓箭更遠，提高了火力。

東北紅豆杉尤其需要矚目的地方是葉子。它的葉子呈羽毛狀，一片葉子的長度約有兩公分，寬為三毫米左右。中間稍微凸出的表面為深綠色，葉背有兩條清晰的線並列，這是氣孔。因為是常綠植物，東北紅豆杉在冬天也長著葉子，不過和一般常綠樹相同，長出來的葉子過了三年左右就會掉落。

東北紅豆杉的葉子裡含有紫杉寧（taxinine）這種雙萜類（diterpenes）化合物。不

---

* 譯按：為構成朝鮮半島地形的脊樑，從北韓長白山延續至南韓智異山的山脈舊稱。
† 譯按：東北紅豆杉韓文為주목나무，當中「주목」為漢字「朱木」。

只是葉子，新長出來的一年生的根上也有紫杉寧。另外，樹皮中含有抗白血病和具抗腫瘤作用的紫杉醇（taxol），據說這種成分能有效治療腎臟病和糖尿病。此外，紫杉醇等紫杉寧化合物由於是很好的抗癌治療劑成分，也被用於抗癌劑製造中。換句話說，東北紅豆杉被用在現代人的健康難題之一——癌症治療。

東北紅豆杉各部分組織都存有抗癌成分固然是比較極端的例子，不過若要舉樹葉做為藥品使用的例子應該說不完。當然，除了樹葉，我們還可以從樹枝和樹幹，或從花或果實中取得不少藥物的原料。

銀杏葉堆肥場

大部分城市都把樹葉當作麻煩的垃圾，就連把市容變美麗的銀杏落葉也會馬上被掃除。各位看過裝滿

被做成弓箭和抗癌劑的東北紅豆杉有「活千年，死千年」別名。

布袋的落葉被卡車載走，運往某地的場面嗎？

最近有個消息很有意思。由於銀杏落葉無法利用，大部分採焚燒處理，但焚燒同樣需要費用。比方說，若要安全地焚燒一噸落葉約需二十萬韓元*。總是在意成本經濟效益的都市人於是思考了該如何有效利用落葉，最先想出的方法是「落葉堆肥場」。把路樹落葉集中在堆肥場，然後在一噸的落葉堆裡放入約一公升的微生物發酵劑使之發酵，待發酵完畢，曾被當作垃圾的落葉就會變成品質優良的有機質堆肥。其實這就是利用了落葉在森林中自然發酵後會成為好肥料此一事實，尤其是銀杏葉上有許多抗病蟲害的成分，據說對防治害蟲也很有效。

實行該想法的首爾某地方自治團體表示，該區每年收進的落葉達一千八百噸，製成的堆肥無償提供居民使用。如此一來，既節省焚燒落葉的成本，又能以環保方式向在家中種植小菜園的居民們提供優秀堆肥，可謂一舉兩得。

＊譯按：約新台幣四千七百元（二〇二三年三月）。

散步道的浪漫

這裡若先不考慮其他落葉，想到很多人都喜歡黃色的銀杏葉，還有一個方法更浪漫：尋找需要黃色銀杏葉的地方。需要鋪滿銀杏落葉的浪漫散步道，正是位於江原道春川的南怡島。首爾松坡區想到了堆滿銀杏落葉的步道可以成為秋季旅遊亮點，將路樹掉落的銀杏葉蒐集起來送往南怡島，打造出浪漫的散步小徑。南怡島和松坡區還簽訂了協定，把散步道取名為「松坡銀杏道」。

不管是哪一種方法，都讓原本在城市中被視為垃圾的樹葉，能以最像樹葉的方式結束一生。據說在這之後，無論是製成有機質堆肥，或將落葉提供給需要的地方，實行範圍正逐漸擴大。這些美好的事例在在說明了樹葉從樹上掉下來後，依然可以豐富我們的生活。

[故事中的樹葉1]

樹名是怎麼取的？——日本榧樹、八角金盤

一般來說，樹名大多取自於果實名稱，比方說結蘋果的樹叫蘋果樹、結栗子的叫栗樹、結柿子的就叫柿樹。但也有將名字稍微變形後稱呼的情況，像是結毬果（솔방울）的樹原本應該稱為毬果樹（솔방울나무）或毬樹（솔나무），但隨著終聲「ㄹ」脫落，就成了現在稱呼的松樹（소나무）了*。

然而，幫樹木冠名並不只有這一種原則，也有不少樹木是以樹葉的特徵來命名。日本榧樹（*Torreya nucifera* (L.) Siebold & Zucc.）就是一例。

---

*譯按：在韓語語法中，當「ㄹ」是一個字的收尾音（終聲）時，要套用不規則變化，其中一個變化是當遇到下一個字為「ㄴ」開頭，前一個音的終聲「ㄹ」要脫落不唸。作者這邊提到的毬樹原文為솔나무，「솔」的終聲ㄹ遇到下一個「나」的ㄴ時自動脫落，就變成了「소나무」（松樹）。

日本榧樹適合生長於南部地區，是昔日僧人精心栽培的樹木。據說僧人會將日本榧樹的果實收割下來，分給寺裡的人和附近村民吃。榧樹果實營養極其豐富，在食物資源匱乏的年代不僅是很好的零食，還有殺蟲劑的成分。另外，榧子曾用於治療便祕和榨油，據說當成藥材能幫助眼睛明亮，提升精力，對強身健體也很有效。事實上《本草綱目》將榧子記載為「去腹中邪氣，去三蟲，治療蛇螫蠱毒，鬼疰伏屍」；《東醫寶鑑》也寫道「只要連續七天每日服用七個榧子，即能消滅絛蟲」。

日本榧樹結出的果實稱作榧子，可看作樹名是根據果實名字而命名。不過實際的情況前後顛倒，雖然無法確切得知一開始為何取名為日本榧樹，但它第一次被稱為日本榧樹時，果實似乎還沒有名字。

據說這種樹會取作「榧」，源於樹葉長得像「非」

葉子模樣長得像「非」字的日本榧樹。

字的緣故。日本榧樹的葉子兩兩相對，中間有粗枝，葉子往粗枝兩旁生長，宛如漢字的形狀。也就是說，因為看著葉子會想到「非」字，乾脆就把樹木取作榧樹＊。我想，正因為一直以樹葉的名字稱呼之，最後樹上結出的果實才會被稱作「榧子」吧。

關於樹名的由來有各種傳說。比如，有人指出日治時期出版的《朝鮮植物鄉名集》說日本榧樹一名源於葉形的說法有誤。由於一開始取名為日本榧樹的紀錄並沒有確實留下來，因此無法十分肯定哪種說法才正確。

如果日本榧樹的例子有點曖昧，那八角金盤（*Fatsia japonica* (Thunb.) Decne. & Planch.）就非常肯定是根據葉形命名的。八角金盤是種很獨特的樹木，葉子直徑將近四十公分，光是葉柄就有三十公分。

長得健壯時可高達五公尺的八角金盤是生長在溫暖地區的樹木，韓國南方地區的家

＊譯按：中文的「榧」雖念三聲，但在韓文中「榧」字同「非」字，不論寫法或發音都做「비」；「榧子」也和「非字」的寫法和發音相同，都是「비자」。

家戶戶都會在圍籬種上一兩株。八角金盤尤其常見於濟州島，只要走在濟州偶來小路，不僅在小樹林中能發現它，就連住宅圍籬也能輕易見到它的蹤影。

雖然會覺得「팔손」（八手）*這個名字有些過於簡單直接，但或許是因為這樣，名字也帶來了親切感。這個名字便是出自於葉形，由於大大的葉子被分成八個裂片，因此取了這個名字。實際上，被分成七個或九個裂片，而不是分成八個裂片的葉子更多。雖然我們說一張葉子被分成了幾個裂片，但是大葉子的葉緣一開始就是長成深裂的形狀，葉緣深裂的部分稱為「缺刻」。

有一個與八角金盤的名字和形狀相符的傳說。這是一個很久以前住在某王國的公主和公主心愛的侍女之間的故事。侍女有天打掃公主房間時，在鏡子前面發現了一個雙環戒指，侍女看四周沒人，便因著羨慕

因葉子分成八個裂片，因此取名為八角金盤。

之心試戴戒指。她開心地依序試套每一隻手指，最後套到了大拇指，戒指卻拿不下來。侍女無可奈何，只好到哪都藏著自己的拇指。雙環戒指是王妃生前送給公主的禮物，對公主來說是十分珍貴的寶物。遺失雙環戒指的公主請求國王幫忙尋找，國王便對宮裡所有人展開調查，搜查每個人的身體，並確認手指頭上是否戴有公主的戒指。此時，那位到哪都藏著拇指的侍女蓋住了大拇指，只露出八隻手指頭讓人檢查。這時，上天懲罰了試圖欺騙國王的侍女，用雷擊讓侍女當場死亡。不久之後，侍女身亡處冒出了一棵樹，樹上長出的葉子裂成八片，彷彿象徵著只露出八隻手指頭的侍女靈魂。

八角金盤葉大清香，不小心就會被誤以為是從國外引進的熱帶植物，但它可是無庸置疑的韓國土生土長。雖然開出的花朵像蔥的花一樣樸素，由於葉子很寬，只要好好栽培，就能使四周氛圍精神煥發。

八角金盤對生長環境不怎麼挑剔，在哪都可以長得很好，若是種在圍籬附近，不用多久就會長到圍籬後面，在鄰居家長出一棵新的八角金盤，可見生命力之卓越。

最近有愈來愈多人將八角金盤當作空氣淨化植物種植。在韓國中部地區，雖然八角

＊譯按：八角金盤的韓文為「팔손이」，直譯為「八手」，故作者如此解釋。

金盤很難在露地越冬，但若是像公寓陽台那種可以禦寒的地方，就能毫不費力地栽培。不過八角金盤本來就會長得很旺盛，養在公寓陽台會占據很多空間，所以最近中部地區的花園流行栽種葉子和八角金盤一樣寬大、大小卻不及韓國本土八角金盤的新品種。也就是說，現在人人都能接觸到八角金盤，將它當成伴侶植物栽植。

長得像蔥開的花的八角金盤花。

第二章

仔細觀察樹葉

長了三百年的櫸樹有幾片葉子？

#櫸樹的葉子數量 #松針的數量 #受保護樹木 #百歲蘭

一棵健壯的櫸樹（*Zelkova serrata* (Thunb.) Makino）會長出幾片葉子呢？我想應該少有人會提出此問，即使曾經產生疑問，應該也不敢冒出計算的想法吧。當然，如果是幼小的櫸樹，只要花點心力就數得出來，不過前面說的「健壯」，指的是大約超過三百歲的櫸樹。我之所以明確舉出三百歲，是因為古代守護韓國村莊的大櫸樹年紀通常是三百歲左右。

韓國約有一萬三千棵受保護樹木登記在韓國山林廳的受保護樹木清單上，其中櫸樹足足有七千零八十棵，約占整體五十四％。櫸樹的平均壽命大概是三百歲，所有受保護的櫸樹當中，年幼的一百多年，超過一千年的也不在少數。由於平均樹齡大約是三百年，因此我依此做為「健壯櫸樹」的標準。這種「健壯的」櫸樹一般當作堂山木或亭子木*，生長在村子中心或入口。

樹木的生命力在葉子

讓我們重新回頭看第一個問題：一棵櫸樹究竟長了幾片葉子呢？雖然這問題看起來不太可能有答案，植物學家卻曾經對此做了計算。專家們不會真的一片一片地數一棵樹木的葉子，而是先指定一個區域，數算該區域內的樹葉數量之後，再套用到整棵樹木上，總之以這種方式算下來的結果竟是五百萬片。雖然我們很難說這是準確的結果，因為有可能更多、也可能更少，但誰都無法提出證據證明這個答案是錯的。

樹幹雖然是樹木的中心，但樹木的生命力存在於葉子裡頭，想確認樹木健康與否，最快的方式就是看

＊譯按：被供奉為村子守護神祭祀的樹稱為堂山木；種在鄉校、書院、別墅、亭子等附近的樹木稱為亭子木。兩種都包含在韓國山林廳受保護樹木的細部分類項目中。

被登記在韓國山林廳受保護樹木清單的樹木中，櫸樹約占五十四％，平均年齡約莫三百歲。

它的樹葉長得是否茂盛。比方說，植物學家為了確認樹木的健康，會觀察樹梢上的葉子。若樹梢上的葉子長得較樹枝中段的葉子小或稀疏，專家就會認為該樹木的根部健康出現了問題。

前段說的雖然是櫸樹的葉子，但我們不妨把問題延伸下去。如果樹齡約三百年的櫸樹有五百萬片葉子，那其他樹木呢？以整體外貌、葉子形狀都和櫸樹相似的春榆和朴樹而言，它們的葉子數量和櫸樹並不會有太大差異。

三百歲的松樹有幾根松針？

那麼，和櫸樹完全不同的針葉樹又如何？我們不妨來看看松樹。一棵約三百年的松樹會長出幾根松針呢？松樹細長的針葉以兩針一束的方式生長，一根樹枝上則長有許多細細小小的松針，如果全部計算，應該一下子就會超過數百根，一棵三百年左右的松樹，葉子數量應該會遠遠超過五百萬根吧。

在這裡，我們必須回頭思考針葉樹的生長特徵。樹葉是行光合作用的器官，為了做好光合作用，樹葉從根部得到水分，吸收並儲存空氣中的碳之後，需要取得光照。但是，長在下方樹枝上的針葉如果無法充分獲得光照，針葉樹就會乾脆地把葉子甩掉，以節省那些葉子所吸收的水和碳（一九七頁〈樹葉的組織改革〉有更詳細的說明）。

由於松樹在生長過程中會讓得不到光照的葉子掉落，想計算它們的葉子數量成了件複雜的工程。如果松樹生長的地方不受四周環境阻擾，能接收到明亮的陽光，樹枝就會展得開開地，葉子也會長得十分茂盛，如此一來就算歲月流逝，松葉依然會保持細長的狀態，就像最初那樣。生長在這種環境中的松樹大小如果和前面舉例的櫸樹相同，松樹的葉子數量極可能多到櫸樹無法相提並論。

然而，若松樹生長在陽光照不進來的深山，或是在其他雕塑的陰影之下，狀況就不同了，因為背陽處的葉子應該都已全部掉光，只有受光照的地方才有松針，松樹的葉子數量將少得可憐。就算個子再高、年歲再長，葉子也無法長得像櫸樹那麼多。

用兩片葉子活兩千年的植物

談到數葉子的方法，讓我想到一種非常特別的植物。這種植物和其他樹木不同，可以輕易計算葉子數量，而且幾年前數過的葉子數量長期保持原狀。這種植物就是百歲蘭（*Welwitschia mirabilis* Hook.f.）。

百歲蘭是一種只生長在非洲沙漠地區的稀有植物，長得再好也只有不到五十公分左右。它最特別的地方就是葉子，百歲蘭一生僅靠兩片長得像皮帶的葉子生活。它的葉子捲得亂七八糟，再加上葉子彼此交纏又分岔，看起來像有很多片葉子，但據說就是兩片葉子而已。令人驚訝的是，百歲蘭僅靠兩片葉子就能活兩千年以上，是一種相當神祕的遠古植物。

有長了多達五百萬片葉子、活了三百年的植物，也有僅靠兩片葉子就活了兩千年的植物，這個事實令人驚訝。我們不得不說，植物的世界——或更進一步說自然的世界，是一個充滿神祕的世界。

生長在非洲沙漠地區的百歲蘭是稀有植物，僅靠兩片葉子就能活兩千年以上。
@ Wiki commons

觀察樹木的第一步——葉子的構造

#葉柄 #葉身 #葉脈 #單葉複葉 #羽狀複葉

我想來探討一下葉子的構造。每棵樹的葉子都獨一無二，甚至同一棵樹的葉子也各不相同，不過都有著相同的構造。

葉子主要由葉身和葉柄組成。葉柄指的是從樹枝連接到樹葉的部位，雖然可能會覺得葉柄不過是負責連接而已，但它其實有很重要的功能。大部分的葉柄形狀都是細細長長的，關於它的功能十三頁第一小節已經談過，這裡再簡單提一下。

葉柄之所以長得細長，是為了讓葉子能夠輕易地因為風而飄動、使葉身降溫，並且從容地抖掉爬到葉子上的昆蟲。葉柄細長的原因背後還隱藏著以下策略：移動葉身，使葉子接觸到更多空氣，以便將更多的二氧化碳帶向葉子，旺盛地進行光合作用。

不過，並非所有植物的葉子都有葉柄。植物包含了雙子葉植物和單子葉植物，種子生根、長莖的過程中長

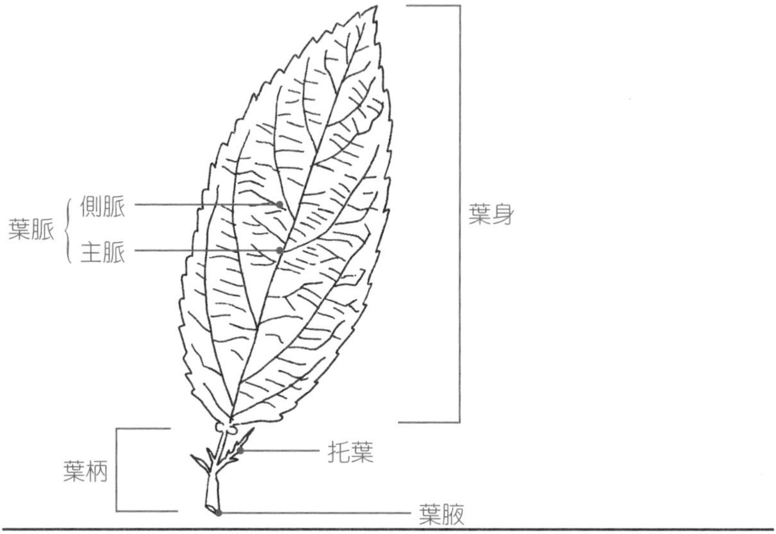

葉身和葉柄

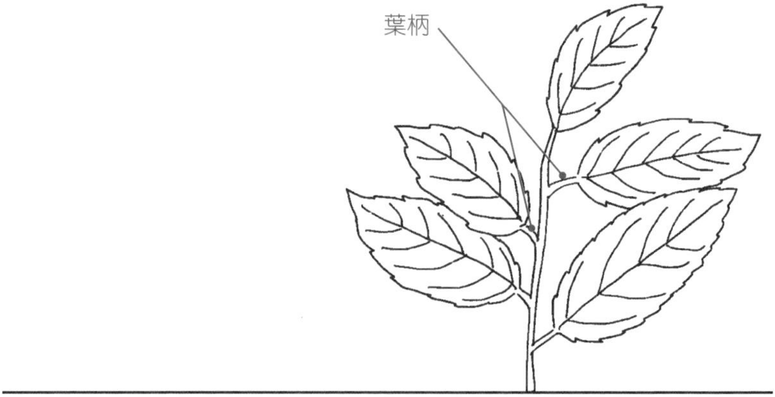

有葉柄的葉子

出的第一片葉子叫做「子葉」，子葉只有一片的稱作「單子葉植物」，長出兩片相對的稱作「雙子葉植物」。大部分的單子葉植物沒有葉柄，而是在連接莖和葉的位置上發育葉鞘，代替葉柄。葉鞘指的是包覆著莖幹、支撐葉片的部位，就像玉米。然而，我們現在談的大部分樹木都是雙子葉植物，不存在有葉鞘的情況。

葉身為了生存的積極活動

葉柄末端有葉身，葉身最重要的功能就是光合作用。為了有效進行光合作用，葉身最好發育得寬一些，以便盡可能多晒太陽，並大面積接觸空氣以吸收更多的碳。光合作用在其他章節已經仔細探討過，這裡我們來談談其他功能。

由於葉子是很容易受細菌和黴菌攻擊的部位，所以必須要能阻擋這類入侵，也就是必須具備對病原菌的抵抗力，如是之故，葉身不含過多營養素，只靠必要的營養成分生活。另外，葉身的味道不能太好，如果味道太好，葉子就難以躲過草食動物的攻擊，還可能在草食動物啃食葉子時遭到細菌或黴菌入侵。還有，葉身雖然以蒸散作用散發水分，但水分也不能因此失去太多、超量，所以葉子表面仍得具備防水功能，使含水量保持在一定程度。

葉身上有個組織需要我們仔細觀察，那就是氣孔。葉身的表面有無數氣孔，數量多到數都數不清。氣孔本來就是非常微小的組織，就算把所有氣孔所占的空間加總起來，也不及葉面百分之一。

一般來說，氣孔多位於葉身的背面，而不是正面。如果正面的氣孔多，就會失去太多水分，可能導致葉子乾枯也不一定。為了蒸發少量的水，氣孔集中於照不到陽光的背面。此外，葉身的正面很可能沾到飛往大氣的黴菌孢子或細菌等微生物，為了不要讓它們從氣孔進入葉子內部，氣孔才會更喜歡在葉子的背面。

葉子的血管——葉脈

葉身上明顯可見的部位是葉脈，我們只要

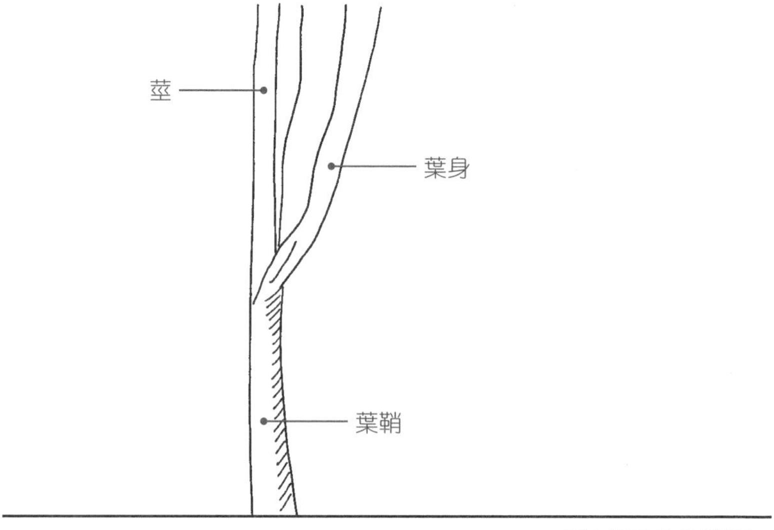

禾本科植物的葉鞘。
大部分單子葉植物長著葉鞘而非葉柄。

把葉脈想成樹葉的血管就行了。由於專家同樣是依照葉脈的形狀來為植物分類，因此葉脈也被比喻成樹木的指紋。葉脈大多像網子一樣朝四周平均擴散出去，稱作「網脈」或「網狀脈」。在此情況下，葉身中間較粗的葉脈稱為主脈；以主脈為中心，往四面八方擴散出去的細長葉脈被稱為側脈；每根側脈也都有再擴散出去的細脈。細脈均勻散布在整張葉子上，是把從根部拉上來的水平均輸送到葉身的最後一個組織；反過來說，也是第一個將葉身藉由光合作用製造出來的糖引入的組織。

若以動物來比喻，把葉脈視為血管也不錯，相當於生命的根源。前面提過，葉脈可被比喻成指紋，實際上即便是在同一棵樹上也找不到一模一樣的葉脈，每片葉子的葉脈形狀都

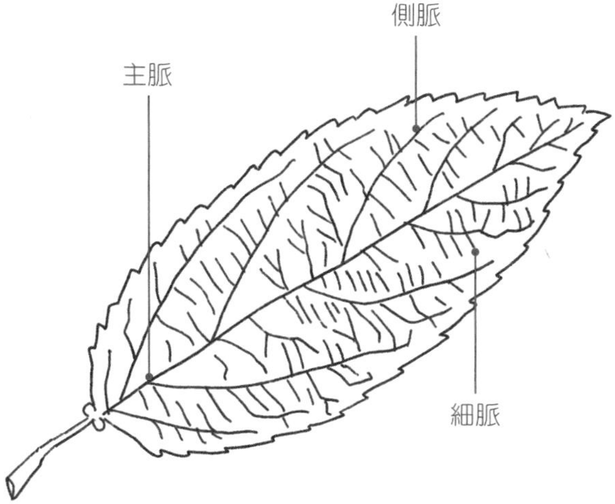

葉脈的構造。

不相同。偶爾走進受豔陽光照的樹蔭吧！欣賞著陽光下清晰可見的葉脈製造出來的萬花筒，也是一種愉快的植物觀察方法。

根據葉子長出的形態區分

現在來分析葉子的形態。葉子分為「단엽」（單葉）和「복엽」（複葉），由於是漢字詞，可能無法一下子就理解過來。韓國的近代植物學體系研究是在日治時期由日本學者開始建立的，因此植物學術語大部分都以日本漢字組成，這是沒辦法的事。不僅植物學，大部分近代科學領域都是如此。雖然我們一直以來都是使用當時建立的術語，但最近各領域不約而同進行著專業術語的韓文化運動*，植物學領域也不例外，但似乎有些緩慢。

單葉、複葉用純韓文詞來說是「홑잎」（單葉）和「겹잎」（複葉）。單葉是指葉身只有一個、沒有分裂成很多個。有些葉身的葉緣固然裂得很深，但只要沒有個別分開，統統都是單葉。比方說掌葉槭的葉子就算裂得再深，從根本上來說還是一片沒有被分開的葉子，單葉指的就是這種情況。簡單來說，一支葉柄上只長著一枚葉片，就叫單葉。

複葉稍微複雜些。複葉指的是一個平面上有很多片小葉分開的情形，也就是一支葉柄上會個別長出很多枚小葉。最常見的複葉是刺槐。刺槐的葉子不就是一支葉柄上成排地長出了好幾片小葉嗎？這種情況就叫複葉。

複葉又可再分為「우상복엽」（羽狀複葉）和「장상복엽」（掌狀複葉），又出現漢字詞了。羽狀複葉的「우상」是指羽毛的「우」（羽）和形狀的「장」（狀），以純

＊譯按：韓文的詞彙組成中，除了原有的固有語（即本書中提到的純韓文詞），還有受中華文化圈影響的漢字語，以及其他外國文化圈的外來語。隨時代演進，愈來愈多外來語新詞彙出現在科學、醫學、科技等各個領域。

韓文為表音文字，外來詞彙往往直接以韓文表音的方式融入韓國人的生活，例如新冠疫情就以韓文表音書寫成外來語「팬데믹」（pandemic）。然而，外來語的充斥可能會影響政府傳遞資訊的效率，以及國民對固有韓語的理解閱讀能力，向來是韓國政府希望解決的課題之一。

韓文化運動的正式名稱是「國語純化運動」（국어순화운동），最早是希望讓脫離日本殖民的韓國民眾能夠從生活中戒除使用已久的日本外來語，而後逐漸擴大到西方國家使用的外來語。由於國語純化作業並無一套系統，無法有效地推廣使用，截至今日為止依然是韓國政府與各界努力的目標。

韓語來說，就是「깃꼴겹잎」；而取作手掌的「장」（掌）的掌狀複葉，純韓語叫做「손꼴겹잎」或「손모양겹잎」。

顧名思義，羽狀複葉是指葉子以排成羽毛形狀的圖案長出來，前面提到的刺槐葉就是代表性的例子。除此之外還有臭椿和合歡，它們的葉子也都是羽狀複葉。掌狀複葉是指多枚葉片集中長在一支葉柄的末端，代表性的有七葉樹。更多人稱為「Marronnier」的七葉樹，葉柄末端就有五至七枚不等的小葉長在一起。此外，像菽草或酢漿草一樣、三枚葉片長在一起的植物，因為是一支葉柄的末端集中長著很多片小葉，也被稱為掌狀複葉。

我似乎把樹葉的構造講得太複雜了，

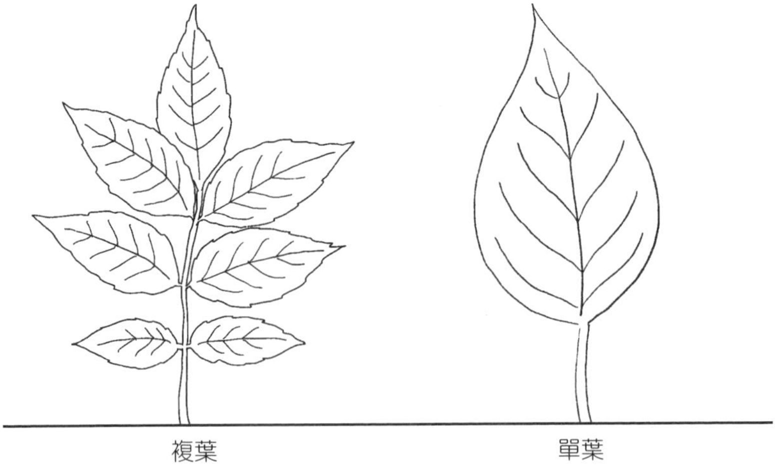

再加上有很多陌生的植物學術語，各位可能會有點混淆。我們要期待術語逐漸被純化為純韓語。縱使有點複雜，只要了解葉子的構造，將更能享受觀察樹木這件事。

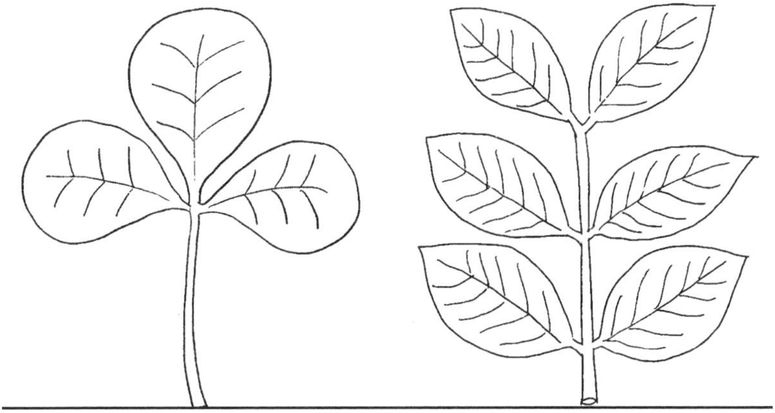

多枚葉片集中長在一支葉柄的掌狀複葉

以羽毛形狀排成圖案的羽狀複葉

世界上葉子最大的植物

#羅非亞椰子 #亞馬遜王蓮 #芡 #夜間開花植物 #水生植物

什麼植物長著世界上最大的葉子，它的葉子又究竟多大呢？登記於金氏世界紀錄中，葉子最大的植物是羅非亞椰子（*Raphia farinifera* (Gaertn.) Hyl.）和亞馬遜酒椰（*Raphia taedigera* (Mart.) Mart.），它們分別生長在印度洋馬斯克林群島和南美洲、非洲，是韓國見不到的熱帶植物。羅非亞椰子和亞馬遜酒椰的葉子長度足足有二十公尺，葉柄則是相當驚人的四公尺，葉柄和葉長加起來高達二十四公尺，比一般樹木的高度都長得多。不過，羅非亞椰子和亞馬遜酒椰的葉子是複葉，也就是一支葉柄上有好幾片小葉緊緊排在一起生長。如果光看一片小葉，葉子並非最大，但植物學必須把有許多片小葉的複葉視為單一一片葉子，因此這個紀錄並沒有錯。

由此我想到了某種水生植物，光是一片單葉就大得驚人。雖然同樣不會在韓國自然生長，最近韓國各地卻都看得到。

長得像水盆的巨大圓葉——亞馬遜王蓮

這種水生植物就是葉子直徑達三公尺，在水上展著大型葉片的亞馬遜王蓮。亞馬遜王蓮有兩種，一是生長在亞馬遜流域的亞馬遜王蓮（*Victoria amazonica* Sowerby），一是生長在巴拿馬地區的克魯茲王蓮（*Victoria cruziana* Orb.）。這兩種王蓮和在韓國生長的睡蓮有親緣關係，因此雖然生長過程與睡蓮不同，但有很多相似之處，比如花開花謝的生態。

前面說過，睡蓮在早上看著太陽開花，待太陽升到中天時就會慢慢地闔閉花瓣，直到傍晚時完全閉闔。然而，也存在相反的種類，太陽下山時開始打開花瓣、連夜開花，隔天早晨闔起。這種花被分類為「夜間開花植物」，有的會在某一天突然開花，最多開兩、三小時就凋謝；有的會在日落時開花，直到清晨來臨前都在黑暗中展示華麗的花朵。亞馬遜王蓮便

亞馬遜王蓮是夜間開花植物，於日落開花後，直到清晨都展示著華麗花朵。

屬於夜間開花植物。

亞馬遜王蓮的葉子很大，開的花直徑同樣長達四十公分，是很大的植物，因此也被稱為「水生植物女王」。亞馬遜王蓮驚人的巨葉呈現了一個完美的圓形，彷彿用圓規畫的。其特別之處在於圓葉的邊緣會垂直往上折，就像個插花用的水盆。不過，如果只是單純的水盆狀，下雨時會積水，水積太久的話，葉子很可能會爛掉。因此若是繞一圈仔細確認像水盆般垂直往上折的地方，一定會在某處發現宛如英文字母「V」打開的缺口，這是為了不讓水積在葉子上的策略，相當細密周到。

另外，亞馬遜王蓮的莖和花苞外有著銳刺，浸在水裡的葉子背面也不例外。這些刺長得很硬，甚至令人覺得噁心，由於模樣和韓國瀕臨絕種的水生植物「芡」相似，因此也有人在乍看之下，把亞馬遜王蓮

葉緣垂直往上折的亞馬遜王蓮蓮葉有一邊打開，呈 V 字型，因此不會積水。

說成「芡」。芡的葉子整體呈平面，亞馬遜王蓮的葉緣則是垂直上折，有著根本性的不同。

花色呈現變化的開花過程

亞馬遜王蓮的開花過程更為奇特。亞馬遜王蓮的花期有三天，每天的變化都令人驚豔。第一天中午，花苞邊緣會稍微打開，露出開花的跡象；到了黃昏，潔白的花苞會開始打開。從這時開始，花瓣打開的速度將變快，只要靜靜觀察，甚至能看到花瓣慢慢開展。在子夜到凌晨一點左右這段時間內，花朵將完全綻放，強烈的香氣於此時達到頂點，花香就像熟透的鳳梨香味，即使在半徑約五到六公尺遠的岸邊都聞得到。以此時做為最高點，花瓣將緩緩閉合，到了第二天早上，花朵就會完全闔起。

就這樣過了一天之後，到了第二天下午，花會再次開始打開花瓣。不過這次呈現的面貌與第一天完全不同，原本潔白的花瓣變成了帶有紫紅的紅色，花瓣末端向內合起的狀態也變得不同，第二天的花瓣是往外翻的。同樣在午夜時分到達頂點的紅花在過了兩個夜晚之後會慢慢沉入水中，神祕女王的黃粱一夢就此夢幻告終。

亞馬遜王蓮泳圈

在亞馬遜王蓮相關照片裡，有一幅景象不能錯過，那就是人坐在王蓮大型蓮葉上的景象。不久前，韓國南方某間寺廟讓三個小孩坐在亞馬遜王蓮蓮葉上拍攝的照片曾經引發熱議。由於蓮葉非常寬，一片直徑就有三公尺左右，即便坐三個小孩仍然綽綽有餘。蓮葉能夠支撐孩子們的重量且浮在水面上是有祕密的——葉子上延展得密密麻麻的葉脈內部充滿著足夠的空氣，使葉片具有浮力，宛如游泳時使用的泳圈，就算人坐上去也不易下沉。

亞馬遜王蓮以特別的葉子、獨特的花貌，長久陪伴在人們身旁，開花過程則讓我們體驗到植物觀察的戲劇性樂趣，僅僅展示三天這件事，或許將成為植物觀察中無法錯過的一項神祕體驗。

最後要說明一件事。當我說亞馬遜王蓮的葉子直徑超過三公尺、花朵直徑達四十公分，是指在原產地的情況。不管怎麼說，韓國的氣候似乎不太適合它們。韓國栽培的亞馬遜王蓮雖然也長得好，但不如在原產地生長得那麼大。

樹枝中間開花了

#舌苞假葉樹 #假葉樹 #月桂皇冠

講植物的葉子，有一種特別的植物不能不提。在葉子能展現的所有特點當中，這種植物的特別之處最具戲劇性，因此經常被稱為「最絕的葉子」。

這種植物就是假葉樹屬。雖然不是自生於韓國的植物，但近來經常可以在花店看見，包含千里浦樹木園在內的幾個植物園裡也見得到它們的身影。假葉樹屬有六個種類，千里浦樹木園能看到舌苞假葉樹（*Ruscus hypoglossum* L.）和假葉樹（*Ruscus aculeatus* L.）這兩種。

假葉樹尋寶遊戲

假葉樹是常綠灌木，生長於歐洲西部和南部，以及西北非與西亞地區，茁壯的假葉樹頂多長到一公尺高。這種樹的特別之處就在它的葉子，擁有其他植物沒有的特點，不過因為很矮，若沒有靜靜蹲下來觀察，不容易發現。

千里浦樹木園會以問答或尋寶的方式向遊客介紹假葉樹。假葉樹生長的冬季庭園因為聚集了多種樹木，空間窄小，園方在庭園入口稍微寬敞之處放了立牌，寫著：「冬季庭園裡有個植物的葉子很獨特，它的葉子說不定在世界上任何一個地方都看不到，找出那個植物，並確認樹前標示牌上的名字。」園方如此引導遊客參與尋找假葉樹遊戲是有原因的。千里浦樹木園的假葉樹最高約莫五十公分，也就是差不多成人膝蓋的高度。無論怎麼環顧四周，站姿都無法觀察到假葉樹特異的葉子。園方因此希望遊客能在解題過程中體驗到，為了觀察植物，應該抱持更低的姿勢、更仔細的態度。

葉子和葉子中間開花了？

假葉樹看似平凡的葉子正中間，有另一個長得一模一樣的小葉以反向冒出，葉子上面又有一個葉子，這種現象在一般植物的葉子上看不到。光這一點就非常特殊，但它開花時更令人驚豔。假葉樹的花會躲在從葉子上冒出的另一個小葉下面開花，如果從上往下看的話，絕對不會注意到。由於葉子上的小葉像雨傘一樣蓋著，花又開得特別小，從上面看的話，看不到。

大部分的花開在樹梢，或悄悄躲在葉腋的位置開花，假葉樹屬植物卻是在葉子正中間反向長出另一片葉子的同時，在兩片葉子中間開花。除了假葉樹，其他植物都看不到以這種形態開出的花。

雖然我稱它為「葉」，但在植物構造上，看起來像葉子的部分應該視為「樹枝」，而不是「葉」。也就是說，隨著樹枝的分生組織向兩旁展開，看起來才像是葉子。雖然在葉子上開花這一點的確很特別，但這麼看來，假葉樹是沒有葉子的。說它是在「看起來像葉子的樹枝上開花」的話，就算不是很清楚，也能找到一點理解的頭緒。總而言之，我們可以看作假葉樹只有枝條、沒有葉子，它的花開在枝條與枝條中間。

只是，再怎麼仔細觀察，假葉樹開花的地方看起來還是像葉子。我們明明知道葉子絕對不是會開花的

假葉樹葉子的正中間有另一個長得一模一樣的小葉反向冒出，且小葉下面會開花。看起來像葉子的部分其實是「樹枝」。

地方，但眼前的假葉樹明明就是在葉子和葉子之間開花啊？歸根究柢，應該要這樣理解：假葉樹的花開在看起來像葉子的寬樹枝，以及比寬樹枝窄小一點的枝條之間。不僅如此，小小的花也愈看愈覺得神祕。

五片細長花瓣開出的花原本就小，必須坐在地上，彎著頭，頭快碰到地面才看得到。這小巧可愛的花凋謝後就和其他植物一樣，會在凋謝的地方結果。果實形狀像圓珠，尺寸不到一公分。珠狀的果實紅通通地結在綠色的大小葉子之間，在我們眼裡只覺得既驚奇又美麗。

假葉樹 vs. 舌苞假葉樹

聽說最近有許多花園會進口假葉樹屬植物販售，一般都能買到假葉樹*，它們一樣會在長得像葉子的寬樹枝上開花。

千里浦樹木園的冬季庭園裡除了假葉樹之外，還有一個種類叫舌苞假葉樹。兩者的差異只在大小，也都會在貌似葉子的樹枝上開花。舌苞假葉樹的體型比假葉樹大，長得像葉子的樹枝也較寬。體型小的假葉樹同樣會開花，但因為花本身小，觀察不易；舌苞假葉樹的花則清晰易見。

據說在西方，民間為假葉樹屬植物取了個別名，叫「馬舌頭」†，似乎是因為在寬樹枝上長出來的另一片葉子，看起來就像馬突然伸出來的舌頭，所以取了這樣的別名。另外，相傳古代製作凱薩大帝的月桂皇冠時，就是使用假葉樹。在該樹的原產地歐洲，似乎從很久以前就有許多人在日常生活中使用假葉樹了。

若隨隨便便看過去可能會以為不過是普通的葉子，其實長相和角色各不相同。植物觀察的最大樂趣就是，在很小又微妙的差異中發現像假葉樹花那樣神奇奧妙的現象。要好好認識植物，就要在它前面待久一些，而且必須整個身體湊上去，盡可能離它更近一些。任何曾經在假葉樹前面為了看花而蹲到腳麻的人，必然已經充分準備好在其他森林裡感受植物的奧祕。

＊譯按：原文指 *Ruscus aculeatus* L.。

†譯按：英文為 horse tongue lily。

葉子長出來的方式

#桂花 #枸骨 #薄葉虎皮楠 #對生 #互生

一位要好的詩人朋友曾經傳給我一張照片，並附上一句「枸骨長得真漂亮」。一開始我只回他「哦，真的耶」，手機畫面裡的枸骨感覺很溫順，看起來長得很好。不過把照片放大後一看，我這才驚覺「哎呀！這不是枸骨」。如果照片有拍到花或果實，就能一眼認出是其他植物，而單從葉子的形狀來看，照片裡的樹木的確不折不扣是枸骨。這是因為僅能憑藉葉子分辨樹木，但光用照片沒辦法準確猜對。我重新仔細看了照片後發現，那棵樹其實不是枸骨，而是桂花。我打電話給朋友，告訴他這個事實，結果他略顯吃驚地說：「這棵樹就在附近，我一直以為是枸骨。」

我之所以能從詩人朋友的照片中分辨枸骨和桂花，是因為兩種樹木長葉子的方式不同。植物長葉子的方式有幾種類型，有時就像這種情況一樣，足以成為分辨樹木種類的重要標準。雖然桂花葉和枸骨葉乍看之下大小和形狀相似，葉子長出來的方式卻明顯不同。

桂花葉呈直角生長的理由

讓我們先來看桂花。桂花有幾個種類，常見的是丹桂（*Osmanthus fragrans* var. *aurantiacus* Makino）。花朵澄黃豔麗的種類稱為丹桂，開白花的種類稱為齒葉木犀。屬木樨科植物的桂花是原產於中國的常綠樹，會在夏末感覺到涼爽的秋風之際開出白色花朵。雖然花不太起眼，但因香氣濃厚，存在感並不薄弱。只要桂花開花，用嗅覺會比用視覺更快察覺其存在。桂花開花時，四周會被清爽的香氣籠罩，散發這股美妙香氣的花呈乳白色，尺寸很小，一朵大概五毫米左右，再加上開在葉腋，等於是隱藏在茂盛的葉子之間，當然不顯眼。

來看看桂花長葉子的方式。桂花的葉子會隨著枝條依序長出來，當樹枝伸長到一定的大小，一對葉子就會在那個位置面對面地長出來；再往上長一點的話，會有另一對葉子與前面長葉子的方向呈九十度角，再次相視而生。葉子不會獨自冒出，在一片葉子的對面一定會有另一片同樣的葉子與它互相對視著生長。像這樣葉子互相對視生長的方式稱作「對生」＊。新葉長出時，會準確地轉向九十度左右後長出來，相當神奇。

葉子長出來時會改變方向的理由很簡單。如果新葉與先長出來的葉子方向相同，可能會妨礙它們晒太陽，這是為了避免發生上述情況而採取的智慧方法。如果先長出來的葉子得不到光照，那不只對先長出來的葉子沒有幫助，對整個樹木的生存同樣無濟於事。樹木清楚這點，因此準確地改變方向，轉個直角長出葉子。

枸骨葉子的規則

好，現在輪到觀察枸骨（*Ilex cornuta* Lindl. & Paxton）的葉子。枸骨會在冬天結出紅色的果實，雖然果實很是漂亮，但就算沒有果實，具光澤的硬葉展現出來的魅力也不亞於其他樹木。枸骨屬冬青科，和屬木犀科的桂花完全不同。枸骨和桂花雖然有明顯差異，乍看之下卻非常相仿，很容易混淆——葉子光滑

桂花在夏末開白花，一對葉子會互相對視長出。

的表面、肥厚度，甚至連葉緣的刺都十分相似。像這樣混淆時，就會確認植物長葉子的方式。

從結論來說，枸骨選擇了「互生」†。所謂互生，是指植物在一個莖節上先從一側長出葉子，之後新長的葉子會在它的上面改變方向，從另一側長出。這和一對葉子相互對視生長的對生，完全不同。

以互生的情況來說，雖然葉子長的方向有很多種，但每一種都遵循嚴格的數學規則。比方說有些每長一片葉子就轉一百八十度角，也有些是每長一片葉子就轉向一百二十度。前者我們稱葉序比為二分之一，後者我們稱葉序比為三分之一。除此之外，還有葉子以旋轉九十度、兩百七十度互生的情況，無論哪

＊譯按：對生的純韓文詞是마주나기，漢字詞是대생。

† 譯按：互生的純韓文詞是어긋나기，漢字詞是호생。

枸骨的互生。一開始葉子只長在一側，新葉子會在它的上面改變方向，從另一側長出。

一種，規律都相當嚴謹。

葉子生長的方式除了互生和對生，還有輪生和叢生。輪生是指三片以上的葉子在一個節上同時長出，叢生則是指葉子在一個位置上長出多片葉子。雖然看似長得隨便，但在樹木的生活，終歸存在著驚人的規律。

有禮貌的薄葉虎皮楠

談到葉子長出來的方式，一定會提到薄葉虎皮楠（*Daphniphyllum macropodum* Miq.），也就是解說員經常以綽號「有禮貌的樹木」來介紹的樹木。之所以被稱讚有禮貌，正是因為葉子生長的方式，薄葉虎皮楠的常綠葉會在長出新葉時本能地展現禮貌。新葉原則上會從枝條末端長出，薄葉虎皮楠因為是常綠樹，即便在長新葉的春天，過了一個冬天的葉子仍然留在

對生（右）和互生（左）。桂花的葉子是對生，枸骨的葉子是互生。

下方，這時，新長的葉子會往上長，長得尖尖的。新冒出的葉子擔心自己如果向四周伸展，就會在原本已經長出的葉子上投下陰影，可能使它們晒不到太陽。這是葉子為了盡可能尊重彼此的生活，本能地展現出來的關照。

不管哪一種，樹葉長出來時都有自己的原則和標準，而最大的原則便是葉子們會做出適當的讓步，避免爭奪陽光的情況。它們會一點一點地禮讓位子，讓所有葉子都晒得到太陽，所有長出來的新葉子都不會在原有的葉子正忙於聚集光照製造養分時橫加妨礙。這就是植物的智慧，不，是生命的智慧，只要仔細觀察葉子長出來的模樣，馬上便能理解。

葉子多采多姿的花紋

#斑葉植物 #三白草 #莎草 #蒲葦 #育種

人們對美的判斷很主觀。看到某個對象時，有人一下子就感受到美，但很多時候其他人一點感覺都沒有。人對於樹葉的感覺也是這樣。我會這樣說，是想問問大家覺得哪種葉子最漂亮。每個人喜歡的葉子應該都不盡相同，不論是大小還是整體形態、缺刻深度等。那麼，帶有花紋的葉子，你覺得如何呢？

葉子上有花紋的樹木不少。在大自然中，雖然有些葉子打一開始就有花紋，但也有葉子是在培育新品種的過程中以人工方式被加上花紋。以前稱為「斑葉植物」，最近更多人稱之「雜色植物」*。任何覺得美豔的花朵凋謝後，一整年只留綠葉的模樣很沒意思的人，應該都會希望即使沒有花仍有華麗的樣貌可以看，為了滿足這種需求，便在葉子上做了變化。

直到現在，人們仍然不斷培育著有新花紋的植物品種，從這點來看，不就是因為喜歡葉子華麗斑紋的人持續增加的緣故嗎？

不過，也有葉子不是靠人工培育，而是一開始的自然狀態就有花紋，我們探討幾種就好。最典型的觀葉植物是經常用來做為藥草的三白草（*Saururus chinensis* (Lour.) Baill.）。三白草是韓國環境部指定的瀕危野生動植物二級稀有植物，屬於多年生草本植物，因為喜歡水而生長在水邊，長得好的話可達一公尺高，以草花來說算滿大的。由於三白草含有類黃酮的一種——槲皮素、槲皮苷成分，據說對高血壓和動脈硬化等有卓越的治療效果，也有助於肝臟解毒。甚至有人推測，以前秦始皇要尋找的長生不老仙草就是

＊譯按：斑葉植物的韓文原文為漢字詞「반엽식물」，而雜色植物則為純韓文詞「무늬 잎 식물」，故作者針對此點加以說明。

關於三白草名字的由來，有一說表示是因為根、花和葉等三個部分呈白色，也有一說表示是因為花旁邊長著三片白葉，故稱為三白草。

三白草。可見做為藥草，三白草是非常重要的植物。

三白草樹葉的白色花紋

三白草因為根、花和葉子等三個部分呈白色而得名。由於根在挖出來之前看不到，這部分得放到後面再講；白色的花也不是太特別，但是葉子呈現白色這一點就很特殊了。當然，不是所有葉子都白色，只有花序下方的兩、三片葉子純白華麗，彷彿漆了白色油漆，有人工的感覺。

關於名字，一個從中國流傳過來的說法是說，因為花旁邊的三片葉子很白，因此命名為三白草。相傳從前有位仙人盛夏時走在山中，因疲憊不堪而突感頭痛欲裂，就在此時，不知從哪傳來一股奇妙的味道，聞到味道那瞬間，仙人的頭痛宛如洗淨般消失了，疲憊不堪的身體也變得活力百倍。仙人到處尋找，想知道味道究竟出於何處，結果發現味道從一株長著三片白色葉子的草散發出來，便將草命名為三白草。雖然在傳說中三白草會散發奇妙的味道，但據說味道並不是那麼好聞，而是與「屍體腐爛的味道」相似，所以人們也稱三白草為「屍草」。實際上，三白草散發的並非臭氣沖天、令人作嘔的味道。

雖然三白草的葉子本來就有白色，但人工培育品種的葉子上花紋非常多樣。最常見的雜色形態就是斑紋，也就是在葉子的表面製造斑點。為了讓斑紋顯得華麗，大多會染上白色或黃色，無怪乎不同於單純的綠葉而顯得華美。

雜草的華麗變身

除了斑紋葉，有的葉子是綠底白點，或是反過來，白底上有著密密麻麻、深綠色的點。有一種品種的白新木薑子就是這類，黃色底上有綠色點點。

葉子也會長出條紋。主要發生在葉子修長的植物上，莎草科的植物就是個例子。莎草科大多只長出細長的葉子，可說是沒什麼看頭的草，韓國農村甚至會將莎草科的植物視為雜草拔除。人們透過育種，在修長的葉子上製造花紋，在寬約一公分、長約三十公分

人工培育灰色或黑色條紋的莎草科，以其華麗風采引人注目。

的細長葉子加上縱向的灰色或黑色條紋，讓向來被視為僅僅是雜草的莎草科瞬間變身華麗的植物。葉子細長的闊葉麥門冬也和莎草一樣，透過育種選拔出帶條紋的斑葉品種。

除此之外，也有看似費盡九牛二虎之力才做出來的花紋。這種情況是葉子不僅未如闊葉麥門冬或莎草修長，連寬度和長度也比它們大很多，好比名為蒲葦的外來種植物。蒲葦是葉子寬約兩公分、長度遠遠超過一公尺的修長植物，雖然和韓國的芒草或蘆葦差不多，由於植株規模本來就不小，再加上秋天時綻放的花序很大，非常漂亮。然而，人類對美的渴望無止境，為了在蒲葦的葉子上做出花紋，人類煞費苦心，在伸得長長的葉子上加了橫向的白色花紋，讓一片長葉上彷彿畫了零星的白色虛線。

新培育的蒲葦品種，葉子有白色的虛線花紋。

針葉上也能做出花紋嗎?

已經在各種樹葉上做出花紋了，像松樹那樣細的葉子上也能做到嗎？令人驚訝的是，的確存在這種品種的松樹。松針是兩兩貼在一起長的葉子，聚在同一個地方像散開式地冒出來，該品種便是在葉子內側加上紋樣。也就是外側雖然和其他松針一樣呈現綠色，內側卻有白色花紋，靜靜觀望，就像從裡面散發出神祕光彩似的。若沒有近距離仔細觀看，很難發現這種松樹的花紋。樹木神祕的一面就是，不管什麼時候都只展示給長時間仔細觀察的人看。

在針葉上做出花紋是件神奇的事，帶有斑葉的水杉品種也是同樣的例子。水杉的葉子很細，每一片葉子都非常小，但就是有品種在如此小的葉子上加進了花紋，把葉子內側的葉脈變成白色或黃色。同樣道理，若沒有近距離觀察，很難發現花紋。也許有人會反問「這哪是什麼花紋」，可是從遠處觀看就清楚知道，該品種不同於其他水杉，整片葉子隱隱閃現著灰色或黃色。

有需要仔細觀察才看得到的花紋，也有非常華麗、一看就非常醒目的斑葉。下面再介紹一種，那就是近來經常做為園藝植物種植的彩葉杞柳（*Salix integra* 'Hakuro-nishiki'，韓國國家標準植物目錄中的推薦名為「무늬개키버들」*）。彩葉杞柳不高，

加入紋樣的赤松、水杉和彩葉杞柳，共同展示著現有品種裡不存在的紋樣。

最高不過五公尺左右。它雖然看似整個樹枝上都開滿豔麗的花朵，但那不是花，而是茂密的葉子。彩葉杞柳長出來的葉子是亮粉紅色的，在其它樹葉上看不到，因此非常引人注目。不僅如此，若算上帶有白色花紋的葉子，彩葉杞柳有三種顏色華麗地搭配在一起，是一種吸引目光的美麗樹木。

我們在身邊的樹葉上做出各種花紋，想要近距離地把它們養得更討人喜歡，甚至讓人認為，人類能夠不斷培育出具有新花紋品種的力量很驚人。儘管有時也並非沒有遺憾，覺得植物似乎失去了自然的本性，但想到這是想和樹木共同生活的人們表達愛意的方式，仍然會被吸引而駐足停留在斑葉樹前。

＊譯按：彩葉杞柳另有俗名「삼색개키버들」，故作者另外加以說明。

形狀各異的葉緣

#櫸樹 #山櫻 #蒙古櫟 #槲樹 #櫟樹

雖然分辨山櫻和櫸樹相對容易，慚愧的是，我曾經混淆它們。如果樹木很老、很大，應該不會出錯，但我把做為城市行道樹的幼小櫸樹誤認成了山櫻。

老櫸樹的樹皮殘破不堪，脫皮很明顯，就算沒有特地觀察其他特徵，也能一眼認出是櫸樹，可若是年幼的櫸樹，那就不好說了。櫸樹大約過了五十年之後，樹皮會開始脫皮，半掉不掉；反之，幼木的莖幹光滑，樹皮上的凹槽呈橫向，與山櫻最關鍵的特徵相仿。走在城市的街道上，由於最先映入眼簾的是樹皮，我便將櫸樹認成了山櫻。當時我沒想到確認其他部位，想著既然樹皮上有橫向凹槽，認定了它應是山櫻。

某年春天，我有事需要走路經過那棵我深信是山櫻的櫸木行道樹。當時其他山櫻都開花了，就這棵樹沒有開花，地上甚至連一片掉落的花瓣都沒有。我覺得很奇怪，不管掃得再仔細，還是會留下花瓣才是啊？我靠近樹木觀察，這才驚覺原來它不是山櫻。

櫸樹vs.山櫻

我之所以能確認那棵誤以為是山櫻的樹其實是櫸樹，是看了樹葉才知道的。光憑樹皮區分櫸樹和山櫻，特別是年幼的櫸樹和山櫻，方法過於草率。樹皮的確是山櫻的幾個重要特徵之一，但若無法只憑樹皮判斷，再來就必須確認花或果實。然而，花和果實並非一年到頭都長在樹上，這時應該觀察的無疑是葉子。

櫸樹和山櫻連葉子都長得很像，因此要注意葉緣。樹葉有各式各樣的葉緣，有光滑的葉緣，也有波浪紋或鋸齒紋，稱為「거치」（鋸齒）*。我們當然能夠僅憑鋸齒的差異區分樹木，櫸樹和山櫻就是如此。具體來說，櫸樹葉的鋸齒又粗又圓，山櫻葉的鋸齒則很密，既粗糙又尖銳。

儘管葉子並不是植物分類最重要的標準，但在樹木觀察中，葉子仍然相當重要。雖

＊譯按：此處「거치」為鋸齒的漢字音，因上一句的「鋸齒紋」以純韓文詞「톱니무늬」表示，故作者加以說明。

櫸樹葉的鋸齒又粗又圓。

山櫻葉的鋸齒很密，既粗糙又尖銳。

然有花和果實就能馬上推測出樹種，可是花和果實並非一年四季都看得到，因此最好能了解葉子的特徵。當然，落葉樹在秋天看不到葉子，但也不是說秋冬就完全沒辦法了。樹木有「休眠芽」，指的是春天時將長成葉子的地方。如果想用休眠芽辨別樹木，需要長時間的學習與豐富的觀察經驗，不過對於學習植物的人來說，這種訓練非常必要。

蒙古櫟 vs. 槲樹

總之我的意思是，樹葉是養活樹木最重要的器官，同時也是辨別樹木時的必要條件。雖然以欅樹和山櫻為例做了說明，但不只如此。學習樹木時，最難辨認的樹木恐怕是櫟屬類，前面也已提過櫟屬類的樹葉上的正反面差異（參考三十五頁〈綠色都一樣嗎？〉）。辨別櫟屬類最好的標準當然是果實，但橡實得等到秋天才能看到，所以據說森林解說員經常練習用葉子形狀來區分樹木。

讓我們統整一下辨別櫟屬類的方法。葉子最寬的是蒙古櫟和槲樹，植物圖鑑中也寫著槲樹的葉子比蒙古櫟更大。如果槲樹和蒙古櫟同時在現場能比較的話也許沒問題，但如果不是，就不可能分辨哪一個比較大。另外，就算在同一處，根據樹木的生長狀態不同，蒙古櫟的樹葉也可能比槲樹的大，因此難免搞混。正因如此，我們應該觀察的部分

蒙古櫟葉緣的鋸齒部分較窄、較細。

槲樹較大、較寬，好似溫柔蕩漾的水波。

是葉子的鋸齒，而非大小。不同於蒙古櫟樹葉的鋸齒較窄、較細，槲樹樹葉的鋸齒較大、較寬，好似溫柔蕩漾的水波。只要稍微熟悉兩種樹葉的鋸齒所展現的差異，就能充分地辨識出來。

用葉緣區分櫟屬類

葉子比蒙古櫟和槲樹小的樹木是槲櫟。槲櫟葉的形態是葉柄端窄小，愈往頂部走愈寬。雖然特徵是尺寸小且葉柄端較窄，但同樣地，若想正確分辨槲櫟葉，必須注意鋸齒，槲櫟葉的鋸齒就像水波溫柔蕩漾地流動。雖然一開始會搞混，但不用多久就會漸漸熟練。

剩下的三個種類是枹櫟、栓皮櫟和麻櫟，它們的樹葉彼此相仿，同樣需要好好觀察鋸齒的部分。三者之中，首先能夠區別的是枹櫟。在櫟屬類當中，枹櫟的葉子和果實最小，因此取了代表「小兵」的「卒」字為樹名*。枹櫟葉雖小，鋸齒卻又大又銳，可視

＊譯按：枹櫟韓文稱「졸참나무」，為「졸」（卒）與「참나무」（櫟樹）的合成詞，直譯為「卒櫟樹」。

橢圓形在鋸齒上又長針的是栓皮櫟（上）；若沒有針，就是麻櫟（下）。

為櫟屬類中鋸齒發育最明顯的葉子。另外，枹櫟的葉子頂部呈橢圓形，擁有像槲樹和蒙古櫟一樣大面積展開的特徵。

剩下栓皮櫟和麻櫟。由於兩者的整體形狀非常相似，都呈橢圓形，所以容易混淆。栓皮櫟葉的鋸齒上有針，麻櫟葉的鋸齒上則沒有針，雖然摸起來感覺稍微有點刺刺的，葉緣乍看之下似有針凸出，但那不是針，而是長得像針狀的銳利鋸齒。也就是說，葉子既是橢圓形，鋸齒上又有針的就是栓皮櫟；如果看起來像針卻不是針，而是和葉子相同材質的鋸齒，那就是麻櫟。

還有一種樹葉長得和栓皮櫟葉非常相似，那就是栗樹葉，真的很像。樹上掛著栗子時，僅瞥一眼都區分得出來，但若沒有栗子，那就得再次觀察葉片。這時需要觀察晒不到陽光的葉子背面，葉子背面出現很多泛白的是栓皮櫟；兩面皆泛綠色的是栗樹。

很複雜吧？這裡再補充一個真的會讓你更混亂的故事。靠風力授粉的櫟屬類會在自然狀態下製造出很多雜交品種。也就是指在自然狀態之下，經常出現百分之七十是栓皮櫟、百分之三十是枹櫟的樹木。當然，也有可能相反，比例隨著狀況不同而改變。在這種情況下，有太多時候很難決定該說是栓皮櫟或枹櫟，往往只能以哪種特徵的葉子較多來決定。

雖然我談了如何用樹葉辨別樹木，事實卻是，樹木在生活上帶有所謂多樣性的生命原理，區分它們並非易事。親自感受這種困難，將成為遇見我們周圍大自然之偉大的第一步。

紅葉和黃葉的基底也是綠色

#日本紅楓 #黃金松 #葉綠素

顏色會依照我們觀看的對象吸收和反射的光而有所不同。樹葉因為會吸收所有藍色和紅色系光譜，只反射綠色，因此看起來是綠色的，而讓樹葉顯現綠色的東西，便是負責養育生命的葉綠素。

需要光合作用時也只會紅通通的日本紅楓

當然，也有葉子不是綠色的。樹木一生中雖然會變換顏色，但也有一開始長葉就不是綠色的。關於這類樹木，首先想到的便是日本紅楓（*Acer palmatum* 'Shojo-Nomura'）。

日本紅楓連剛冒出葉子時也不泛綠色，和它的名字一模一樣，打一開始就很紅。那麼，日本紅楓紅色的葉子裡沒有葉綠素嗎？如果缺少葉綠素，樹木無法行光合作用；若不行光合作用，將無法製造生存所需的養分，那究竟該如何生存呢？

所有樹葉裡都有葉綠素，但是除了葉綠素，還有類胡蘿蔔素、花青素和單寧等各種成分，我們需要從這裡找出頭緒。類胡蘿蔔素、花青素和單寧等成分分別呈現黃色、紅色和褐色，葉子雖然從一開始就具備多種顏色的成分，但在更需要光合作用的時候，葉綠素會上來表面；待過了秋季，逐漸接近無法行光合作用的冬季，其他顏色的成分才會開始活躍，秋楓便是如此。然而，日本紅楓即使在需要光合作用的時期，葉子也只會紅通通的，非常奇妙。

淺綠色顯露出來的瞬間

日本紅楓是人們培育出來的品種，以做為造景用的觀賞樹木。換言之，日本紅楓並不是在自然狀態下生長的樹木，而是人們為了更長時間觀賞楓樹的紅色葉子所培育的品種，讓它一年四季都能呈現紅色。雖說紅色葉子裡頭同時含有淺綠色的葉綠素，但不管再怎麼看，都看不到綠色。

我再次重申，觀察樹木需要長時間、仔細地觀察。日本紅楓葉子上的紅色氣息轉淡的現象一年大概會發生兩次，分別是開花與果實逐漸成熟時，也就是樹木最需要養分的時刻。這時的日本紅楓葉子會發生非常細微的變化，乍看之下無法得知其差異：仍然泛著紅色，仔細觀察卻能在葉子某些部分感覺到綠色的氣息。雖然葉子顯現紅色，但葉綠素若不進行光合作用，樹木就無法存活，在開花和結果等需要大量養分的關頭更是如此，這種時候只要仔細確認日本紅楓的葉子，將能感覺到葉綠素行光合作用活動的跡象。葉子上面延展的葉脈或葉柄端的紅色會轉淡，非常顯眼。果實結果和逐漸成熟時也一樣，可以在變淡的紅色之間突然看見綠色。即便葉子是紅色的，葉綠素還是會在它非常迫切需要養分時活躍起來，無怪乎顯現了綠色。

黃金松的樹葉只有黃色嗎？

日本紅楓是人工選育的品種，但自然狀態下也有樹木不是發綠色的芽，好比名為黃金松（*Pinus densiflora* 'Aurea'）的樹木。雖然松樹的葉子一年四季都是綠色，黃金松的葉子卻呈金黃色。黃金松是松樹的品種之一，是相當稀有的樹木，它只有下方呈綠色，整體看來葉子是金黃色的。據說從以前開始，只要天氣乾旱，黃金松的金黃色葉子就會變成褐色，梅雨季則變成綠色，對於觀察氣候十分必要，不過這種說法並無科學根據。儘管如此，據說以前農夫們乾脆叫黃金松「天氣木」。

韓國曾經發現幾棵自然狀態下的黃金松，特別是慶尚北道蔚珍郡周仁里的黃金松就被指定為地方紀念物，是一株受到保護的珍貴樹木。這棵黃金松曾是預測氣候的標準，村裡亦相傳若發生戰爭，它的葉子會泛紅。

蔚珍郡周仁里的黃金松和旁邊其他樹木的葉子顏色不同，一眼就能清楚看出來。這棵佇立在斜坡上的樹木已有五十歲左右，由於被指定為文化財，四周圍上了柵欄、被確實地保護著。雖然遠處就見得到它神祕的模樣，但務必近距離觀察。必須仔細觀察葉子，才能得知樹木的祕密，知道樹木如何用金黃色的葉子製造養分、使自己生長。

即便植物圖鑑裡記載「除了葉子的基部，其他都是黃色」，實際上再怎麼觀察，仍然很難說是黃色，非要講的話，比較接近綠色和黃色混合在一起的淡綠色。當然，顏色以針葉來說算特別，但不能說是黃色或金黃色。與其說黃金松的葉子是金黃色的，不如說

非常稀有的黃金松是在自然狀態下也會發金黃色、而不是綠色的芽。

是以綠色為底，黃色顯現得稍微強一點。

無法丟掉綠色的原因

我們談日本紅楓和黃金松，但擁有紅葉或黃葉的樹木不只這些，尤其是觀賞用的培育品種中，還有不少葉子的顏色相當五彩繽紛。然而，不管是哪種樹木，都無法完全丟掉綠色，因為綠色是葉綠素的顏色，而葉綠素是樹木的生命之窗。

針葉樹也會掉葉子？

#水杉 #化石植物 #落羽松 #黃花落葉松

植物會依葉片形狀進行分類，針葉樹和闊葉樹就是一例。針葉樹用純韓語來說是「바늘잎나무」（針葉樹木），闊葉樹則稱為「넓은잎나무」（寬葉樹木）*。就是根據葉子的形狀長得像針一樣細長，或長得寬闊來做分類。雖然我在後面章節會仔細解說（參考一八四頁〈樹木的演化〉），有趣的是，據說在植物演化初期出現的葉子，大多數是針葉。

以針葉樹來說，雖然相似，但世界上沒有一種生物完全一模一樣，光在眾多針葉樹中就能找到不少差異。比方說，海松和赤松的葉子形狀很像，但赤松的葉子是兩根針葉聚在一起生長，海松則是五根針葉聚在一起生長。由於海松的針葉是在幾乎差不多的位置、五針一束地生長，因此也被稱為「五葉松」——五根葉子聚在一起生長的松樹。

儘管有像赤松和海松這樣葉子相似的樹木，同屬針葉樹的杉松卻和赤松截然不同。杉松的針葉不僅短，還比赤松的針葉粗。另一方面，朝鮮冷杉的葉子，長度和粗度則和杉松非常相似，很難區分。

幾乎所有的針葉樹都是常綠植物，即便過了秋天，冬天也不會掉葉子。但是任何時候都有例外，也有針葉樹的葉子到了秋天會染紅，染紅的葉子還會掉落。落葉性針葉樹有水杉、落羽松和黃花落葉松，其中水杉和落羽松的長相、甚至連生長狀態都非常相似。

「化石植物」水杉再現

水杉（*Metasequoia glyptostroboides* Hu & W.C. Cheng）學名的意思是「超越紅杉的樹」。六千五百

＊譯按：針葉樹和闊葉樹通常以漢字詞「침엽수」和「활엽수」稱呼，故作者另外說明。

赤松和海松不同，是兩根針葉聚在一起生長。

萬年前，水杉曾經在這塊土地上繁茂，一開始只有發現它的化石。慶北浦項就曾在此期化石中發現水杉的痕跡。然而，兩百五十萬年前的地球曾出現冰河期，水杉似乎消失了，有一陣子人們只知道它是「化石植物」。

中日戰爭如火如荼的一九四一年，由於日本植物學家三木茂博士的研究，水杉存在的事實重新為世人所知。三木茂博士在研究植物化石的過程中發現了前所未聞的新品種植物，將植物取名為「水杉」並於學界發表。「水杉」（Metasequoia）一名的含義來自於它雖與紅杉（Sequoia）相似，卻是「超越紅杉」（或在紅杉之前）的樹木*。差不多同一時期，一位中國的林務員在四川省東部長江上游某個小村莊發現了一棵陌生的樹木，經過與專業團隊的共同研究，確定該樹木和日本三木茂博士在植物學界報告為滅絕植

常見的水杉是化石植物，曾經一度被植物學界報告認為是滅絕植物。

物的水杉屬於同一種類，當年是一九四六年。

近來城市各處種了很多水杉，都是來自在中國發現的水杉。由於我們只用學名稱呼，感覺它像是西方的植物†，了解後就知道，水杉其實是東方的植物。

與眾不同的發達氣根和葉子生長方式

和水杉外貌相仿的樹木是落羽松（*Taxodium distichum* (L.) Rich.）。落羽松從一九二〇年代開始被引進韓國種植，比起水杉更為人們熟悉。水杉和落羽松都非常高大，整體來看都像錐形。非要比較的話，水杉長得比落羽松大，且形狀更尖些，但在現場很難僅憑這些分辨。

對觀察落羽松的人來說，印象最深的應該是氣根。落羽松的氣根會在靠近土地表面的地方，往旁邊伸展出去，部分凸出到地面上。落羽松的氣根特別發達，只要觀察它周

＊譯按：水杉的英文為 Metasequoia，Meta 有超越、之前之意；「sequoia」指紅杉，因此水杉是「超越」與「紅杉」的複合詞。

†譯按：水杉在韓文以外來語「메타세쿼이아」稱呼，發音和學名相近。

雖然落羽松和水杉相似，但落羽松的樹幹旁露出地面的氣根非常發達，這點與水杉不同。

遭就能看見往樹幹旁冒出、宛如石灰岩洞穴的石筍般壯觀的氣根，幾乎無一例外。

水杉的氣根雖然沒有落羽松那樣發達，但同樣會往旁邊伸得遠遠的，與落羽松相似。這可能是為了颳強風時能有效保護自己高大身軀而採取的策略。

從各方面來看，水杉與落羽松非常相似，連羽狀複葉的葉子形狀都一模一樣，因此森林解說員似乎各自制定了分辨這兩種樹的方法，那就是「水對落互」，「메마낙어」或「메대낙호」。不知道是什麼意思吧？由於水杉（메타세쿼이아）是對生（마주나기），落羽松（낙우송）是互生（어긋나기），因此叫「메－마：낙－어」；如果用漢字表示，就是「대생」（對生）和「호생」（互生），因此就成了「메－대：낙－호」。

針葉樹落葉道的浪漫

水杉與落羽松的樹葉還有一個共同特徵，那就是會在秋季染成紅褐色，並在染成紅葉後掉落。若曾走在落羽松或水杉落葉後的道路上，那份記憶應該會被久久珍藏。走在由水杉或落羽松細長落葉鋪滿的道路上，和邊走邊聽著闊葉樹落葉被踩碎的聲音完全不同。走在水杉或落羽松落葉的路上，就如同緩緩走在紅褐色地毯上，每一步所感覺到的柔軟都是那麼夢幻。

另外一種既是針葉樹，也會在秋天變紅並落葉的樹木，就是經常被稱為落葉松的黃花落葉松（*Larix gmelinii var. olgensis* (A.Henry) Ostenf. & Syrach）。黃花落葉松是很久以前就在朝鮮半島中北部地區自然生長的韓國本土樹種，它同樣是針葉樹，樹形亦是錐形，與落羽松和水杉非常相似。韓國森林裡常見的黃花落葉松大多是一九七〇年代為綠化森林重點植栽而成*，由於生長速度快，對於要在短時間內將光禿禿的山打造成蔥綠的山來說非常有效。然而，當時種植的大多是從日本引進的日本落葉松（*Larix kaempferi* (Lamb.) Carrière），不是韓國本土的黃花落葉松。雖然黃花落葉松和日本落葉松的葉子和樹木長得非常相似，但兩者是不同的樹。不過，不論是黃花落葉松還是日本落葉松，都會在秋天染成紅色，就連會掉葉子這點也一模一樣。

深秋時分若前往我們周遭隨處可見的黃花落葉松林散步，你將擁有踩到新落葉的感覺。

---

*譯按：一九五〇年代前，韓國的森林因開採薪炭材及韓戰之故，遭受嚴重破壞。韓國政府自一九六〇年代開始啟動裸露林地復育計畫，一九七三年開始則推行多期國家森林發展計畫，森林總蓄積快速成長。

如果尖刺也是葉子

#枸骨 #栓皮櫟 #龍柏 #針葉

雖然很多葉子長著尖刺，但應該沒有葉子的刺像冬青科屬的枸骨那般堅硬。枸骨的名字裡之所以加了百獸之王「老虎」*，正因葉子上的尖刺長得就像老虎的指甲。

據說若將枸骨的尖刺編織起來，很適合讓老虎拿來當不求人，所以有些地區乾脆叫枸骨為「老虎的不求人樹」。

耶穌頭戴的荊棘冠是什麼植物？

枸骨不僅一年四季常保綠意芬芳，冬天結的鮮紅果實也很美麗，因此多被種來觀賞。枸骨會在形似六角形盾牌的葉子間長出一串串紅果實，是西方人非常喜歡的

*譯按：枸骨的韓文為「호랑가시나무」，直譯是「老虎刺樹」，故作者如此說明。在中文，枸骨亦有「貓兒刺」的別名。

樹木，經常出現在聖誕節卡片上，而人們常把它畫在聖誕卡片上是有緣由的。

耶穌背著十字架走上各各他山時，頭上戴的荊棘冠就是用枸骨枝條編成。當耶穌戴著枸骨冠冕，額頭被劃傷時，出現了一隻鳥想減輕耶穌的痛苦，那是一隻知更鳥。知更鳥費盡全力、試圖拔出刺進耶穌額頭的尖刺，尖刺卻刺進了牠的胸口，導致牠流血而死，這讓人們把知更鳥視為珍貴的鳥。知更鳥難能可貴的舉動讓人們大受感動，得知知更鳥喜歡枸骨的果實，便視枸骨為神木。枸骨既是做成耶穌荊棘冠的樹木，也和為了努力減輕耶穌痛苦而死亡的知更鳥有關，因此每到聖誕節，人們就會想起枸骨。*

枸骨主要生長在韓國的南部地區，由於葉子形狀獨特，乍看之下很容易誤以為是從遙遠的國外引進，不過枸骨從很久以前就生長在韓國了。位於全羅北道

葉子形狀獨特的枸骨，乍看之下很容易讓人誤以為是外國植物，但它從很久以前就在韓國了。

扶安的邊山面道清里的枸骨自生群落就是很好的證明，該群落被指定為天然紀念物。不僅如此，全羅南道羅州公山面上方里也有一棵四百年的枸骨，是吳得隣將軍為了村莊和平所種植。吳得隣將軍是壬辰倭亂時李舜臣將軍旗下立下顯赫功績的將軍。這棵枸骨同樣以天然紀念物的身分受到保護。

尖刺茂盛的樹木——檜柏

葉緣帶刺的樹木並非只有枸骨。比方說，也有隨

＊編按：針對耶穌頭戴的荊棘冠為何種植物，目前未有明確定論。其他可能的植物包括：鼠李科的棘棗（Christ-thorn jujube，拉丁學名 *Ziziphus spina-christi*）、鼠李科的刺馬甲子（Jerusalem thorn，拉丁學名 *Paliurus spina-christi* Mill）、大戟科的麒麟花（Christ plant，拉丁學名 *Euphorbia milii*）等等。

栓皮櫟的葉緣鋸齒處既鋒利又尖銳。

著葉緣密密麻麻的細小鋸齒，發育得更鋒利、尖銳，然後乾脆發展成刺的情況。栗樹和栓皮櫟的葉子就是如此，但它們葉子邊緣的刺沒那麼堅硬。即便堅硬程度不同，在葉緣上發展成又細又尖的刺的類似情況不少。

有的樹木乾脆讓整片葉子長成刺狀，好比檜柏。檜柏的葉子柔軟，長得像魚的鱗片，因此被稱為鱗葉。不過若仔細觀察就會發現，同一棵檜柏上的葉子有兩種形狀。不同於柔軟又光滑的鱗葉，在生長一、兩年的枝條上，葉子呈現尖銳的刺狀；具有完整鱗葉形狀的葉子則長在大約生長七年以後的枝條上。

刺狀的葉子有許多不便之處，尤其檜柏多半被視為造景樹，是人們經常觸摸的樹木，所以非常不方便。打個比方，某天需要為檜柏整枝修剪或換盆，免不了會被長在年輕枝條上的針葉扎到。檜柏的幼葉不僅長得短，還長得密，被扎到時非常痛。再加上新長的針葉是從樹幹下方長出來，正是會直接碰觸到人的臉或身體的地方。

龍柏——從針葉變鱗葉

若出現不便，一定會有人努力解決不便，人們因此培育了龍柏（*Juniperus chinensis* 'Kaizuka'）。名為龍柏的檜柏是一個獨特的品種，據說第一次出現是在一九二八年日本種苗商的目錄中。「Kaizuka」為日文，意指貝塚，也就是貝殼堆。日本有家族以此為姓氏，大阪也有同名的行政區。不管取什麼名字，龍柏都是日本的種苗商培育成商品的樹木。

龍柏特別之處在於，它和檜柏不同，即使新長出來的葉子也不是刺狀，而是柔軟的鱗葉。由於減去了人們因檜柏幼小針葉所經歷的不便，只要是龍柏就能安心地靠近，做為園藝用樹，龍柏很快就獲得眾人的喜愛。

[故事中的樹葉2]

樹木也有國籍之分嗎？——龍柏

前一節提到了龍柏，每次提到龍柏，我都想補充一個非說不可的事，那就是探討樹木的國籍。雖然這主題可以談的樹木很多，但最具代表性的還是龍柏。人們因在日據時期擔任朝鮮總督的伊藤博文喜歡龍柏，便把龍柏視為日本侵略的象徵，將樹木連根拔起。以下是我對這件事的看法。

事情是從一九〇九年，伊藤博文和純宗共同訪問大邱並在當地進行植樹紀念開始的。據說純宗似乎對達城地區的公園很有興趣，賞賜了五百韓元紅包，然後和伊藤博文一同造訪了達城公園。然而，紀錄並沒有寫到純宗和伊藤博文在哪裡種植了哪種樹木，當時負責達城公園工程的是日本人，他們的紀錄中也沒有和樹木種類相關的資料。換句話說，即便當時的確進行了植樹紀念，也很難確定他們種下的樹木。據說後來一九三〇年代的紀錄裡，同樣找不到純宗和伊藤博文種植的樹木。

然而，今日達城公園的兩棵龍柏卻被認為是純宗和伊藤博文所種下。這裡有幾件事值得一提。純宗是一九〇九年訪問達城公園，龍柏此名第一次透過紀錄得到確認則是一九二八年。如此看來，純宗訪問達城公園時，韓國還不存在龍柏。更何況一九三〇年代的紀錄也找不到純宗和伊藤博文種植樹木的相關內容，整件事因此更加可疑。我認為這種說法可能是隨著伊藤博文喜歡龍柏這件事輾轉流傳後才出現的不實傳言。

此傳言又進一步被放大後，人們乾脆把龍柏視為日本侵略的象徵。只要是需要名義來端正民族正氣時，這棵樹就會被拿出來討論，使「應該將龍柏全數拔除」的主張得到支持。實際上，學校、公家機關或文化財附近生長的眾多龍柏都已被砍掉或拔除，若此風潮持續下去，所剩無幾的龍柏很可能難逃不久後將消失的命運。

對此，我持不同的看法。儘管龍柏是先在日本被命名，因日本人而廣為人知，又曾經是侵略者喜歡的樹木，但專家的研究結果表示，若仔細探究它的遺傳因子內部將發現，龍柏與長久以來生長在韓國土地上的檜柏根本一樣，沒有不同。雖然這種說法還需要更仔細的研究，但我認為也應該考慮到，或許龍柏是韓國的樹木在經過日本的氣候和日本人之手後，轉變為另一種型態的樹也不一定。

即便不是如此，龍柏是侵略之徒曾經喜歡的樹這一說法，也不該成為這些幼小生命體在這片土地上受到打壓的理由。樹木何罪之有，為什麼要被殘酷地殺害呢？樹木是和平的生命體，既無國界，也無國籍，為了尋找良好的環境，樹木會越過國境繁衍後代，並擴大生存領域，這是樹木生存的方式。審查樹木的國籍並加諸政治色彩，然後殘忍地奪走它們的生命，這絕對無法讓人接受。

［故事中的樹葉3］

樹葉掀起的腥風血雨——韓國泡桐

有時候一片樹葉就能徹底顛覆歷史。事情發生在朝鮮中宗時代，當時有位約莫四十歲的風雲人物趙光祖（一四八二～一五一九），他是中宗反正*後高舉體現儒家政治理想旗幟的改革政治家，兒時向金宏弼求學後便下定決心出任官職，驅逐朝鮮王室的政治歪風，實現新國家。和趙光祖志同道合的一群人稱為士林派，他則為該派領袖。士林派是一群有志矯正勳舊派敗壞之風的官員，勳舊派是當時朝鮮社會的既得利益勢力，趙光祖因受當時的皇帝中宗賞識，得以有條不紊地進行改革。士林派的官員大多是具有激進傾向的年輕儒生，常與勳舊派產生矛盾。改革過程中，勳舊派的地位變得岌岌可危，為了給自己留下活路，便想破壞趙光祖的改革。

勳舊派官吏為了趕走士林派，利用了樹葉。他們在

*譯按：西元一五〇六年朝鮮王朝廢燕山君的宮廷政變。

宮廷後院的樹葉上用蜂蜜寫下「走肖為王」的字樣，隨著時間流逝，以蜂蜜為食物的蟲子啃食了樹葉，「走肖為王」四字清晰可見。「走肖」合起來就是「趙」字，「為王」則代表成為王者，意指趙氏即將成王。勳舊派把這片葉子上呈中宗，說這是上天告誡著趙光祖和士林派正覬覦君王之位。拔擢趙光祖並信任他的中宗由此展開肅清，最終導致趙光祖等七十多人死亡。當時這場巨大的腥風血雨雖然沒有被載入中宗實錄，卻記載於後代《宣祖實錄——一年九月二十一日》裡。

那麼，用塗了蜂蜜的毛筆寫下「走肖為王」四字並遭蟲子啃食之後，字樣能夠清楚顯現的樹葉是什麼樹呢？我們周遭固然有一片葉子廣達直徑三公尺、相當巨大的植物，比如前文說的亞馬遜王蓮，但葉子如此巨大的植物直到最近才引進韓國，亞馬遜王蓮也不是樹木，中宗那時的樹木應該不是它。

既然如此，是哪種樹木呢？讓我們來看一下那些葉子很大的樹吧。首先想到經常種來當作城市行道樹的美國梧桐。俗稱懸鈴木的美國梧桐葉子寬大，呈不規則形，大致有四到五個淺裂，長度達二十公分，寬度也超過那個大小。若以這種大小來看，應該足夠寫下四個漢字。然而，美國梧桐約莫於一百年前進入韓國，在五百多年前發生己卯士禍*的韓國王宮內並不存在。另外，美國鵝掌楸的葉片大小和美國梧桐差不多，常被種來當城市行道樹，引進韓國同樣不到一百年。

五百年前生長於這塊土地的樹木當中，葉子大到足夠寫下四個漢字的樹木，只有韓國泡桐（*Paulownia coreana* Uyeki）。雖然還有一種樹木的葉子就像韓國泡桐那麼大，也就是梧桐（*Firmiana simplex* (L.) W.F.Wight），但梧桐生長於韓國溫暖的南部地區，而非王宮所在的首爾地區。宮廷後院所有樹木中，能夠寫下走肖為王字樣的樹葉，非泡桐葉莫屬。雖然沒有明確資料顯示該樹木是泡桐，但不管怎麼推敲，都只能猜想那棵樹是泡桐。

生長在以首爾為首的中部以南地區的韓國泡桐，是一種最高可長到二十公尺的大型樹木。韓國泡桐的

＊譯按：指西元一五一九年中宗在勳舊派「走肖為王」與讒言之下，決定剷除趙光祖一派的事件。

葉子寬大的韓國泡桐。

木材經常被製成家具，又因共鳴效果佳，也經常成為杖鼓或伽倻琴這類樂器的材料。有人說以前若是生了女兒，老一輩的人會種下一棵泡桐，據說是考慮到只要把樹養好，女兒出嫁時就可以做成一只衣櫃，當作嫁妝。

韓國泡桐以葉子寬大而聞名，葉片大到足夠寫下四個漢字。泡桐葉大致上來說呈五角形，長度遠超過二十公分，寬度長到近三十公分。這麼大的葉子，一旦入了秋便隨風飄揚、掉落，此番秋景對我們來說再熟悉不過。古人稱秋天為「梧桐秋」*，正是基於韓國泡桐落葉時帶來的特別感覺。

韓國泡桐是從很久以前就在韓國生長的樹木，宮廷後院自然很可能也有一棵。當然，「走肖為王」幾個字的確有可能寫在比泡桐葉小的葉片上，不過若要能在蟲子啃食後仍然清楚辨別，葉片必須大一點。做為驅趕趙光祖和士林派勢力的誣陷手段，泡桐葉十分必要。被稱為「己卯名賢」的趙光祖等士林派儒生因勳舊派寫在樹葉上的陰謀而離開朝廷，甚至死亡，使得朝鮮的歷史再次回到了以勳舊派為中心。換句話說，一切事情的開端，從一片樹葉開始。

儘管如此，我仍有疑問，「蟲子真能將樹葉吃到讓走肖為王這幾個字一清二楚嗎？」還真的有人做了實驗，據悉剩下的葉子無法讓人看出字體。我認為蟲子僅僅吃掉用蜂蜜書寫的文字這一點，事實上應該不太可能。所以和己卯士禍有關的典故都是謠言嗎？但這件事分明留下了紀錄，許多文人談到己卯士禍時都經常引用這段典故。雖然現在很難確認事情是否屬實，韓國泡桐葉確實又大又寬，讓整起事件更具可靠性，甚至家喻戶曉。

＊譯按：泡桐別名梧桐。

第三章

樹葉的生存祕訣

繡球花花期長的原因

#繡球花 #四照花 #花的構造 #萼片 #托葉

植物的世界就像動物的世界，仍有許多不為人知的祕密，或許也因如此更讓人覺得神祕、美麗。植物在現有環境下維持生命的主要器官是葉子，但葉子會依照環境改變形態。

這裡我要稍微提一下歌德。歌德留下的那些特別的科學著作中，有《色彩論》（*Zur Farbenlehre*）和《植物變態論》（*Die Metamorphose der Pflanzen*）這兩本。尤其《植物變態論》對現代植物學影響甚遠，是一部傑出的著作。在這本書中，歌德主張植物的所有部位都從葉子變形而來，甚至連花瓣都是從葉子轉變的。能夠窺探植物基因的現代植物學正一一證實著他的想法。也就是說，歌德早在兩百年前就講出了植物學專家想都想不到的事實。

假的花瓣——花萼

樹葉會隨環境不同而改變形態的說法並非空穴來風。讓我們想想繡球花（*Hydrangea macrophylla* (Thunb.) Ser.）並找出理解的線索。繡球花是園藝植物，由於花序豔麗，整個夏季都引人注目且受到許多人喜愛。然而，聚集在大型花序裡綻放的花，每一朵都非常小。植物開花是為了結果，並培養果實裡日後將繁殖後代的種子，花朵小勢必威脅自身生存。樹木無法自行尋找對象結婚，需要接受其他生物的幫助，為此必須開出比誰都引人注目的花，唯有如此，不管是蝴蝶或蜜蜂等媒介昆蟲才會上門。

但是，繡球花的花很小，甚至是小到連花瓣都沒有的不完全花，這樣當然不會得到昆蟲的注意。為了吸引蜜蜂和蝴蝶，繡球花展開了神祕的生存策略：將花萼變得宛如花瓣。繡球花的花序中看起來像花瓣的部位，更精準的說法叫萼片。萼片又稱萼裂片，指的是形成花萼的裂片。萼片在其他花上通常發育成綠色且包覆著花瓣，到了繡球花的花序裡則長得像花瓣。任誰看了都以為是花瓣的部分被稱為「偽花」，也就是「假花」或「不結果實的花」。

繡球花還有另一個特徵，那就是萼片上呈現的各種顏色會隨著時間改變。一般來說，繡球花會根據生長的土壤性質決定顏色，依照飛燕草素這種花青素的濃度、環境的

看似很大的繡球花花瓣（上圖）整體是發育良好的花萼。澤八仙花（下圖）的中間開著小花，外緣則是宛如花瓣般綻開的萼片。

酸鹼值、開花的不同階段等各式各樣的原因，從紅到藍，呈現多樣顏色。因為這種可以輕易改變花色的特徵，繡球花的花語是「變心」。

繡球花所有種類當中，也有萼片只開在花簇外圍的，那就是看來相當另類的澤八仙花（*Hydrangea serrata f. acuminata* (Siebold & Zucc.) E.H.Wilson）。長在澤八仙花花序中間的花朵和其他繡球花一樣，僅由小花組成，萼片則在外緣發育成像花瓣般綻開。開在內側的花是會結果的有性花；開在外側、變得像花的萼片則稱為無性花。無性花是指不會結果實的花，這種花雖然喪失了原本的功能，卻是繡球花花序中不可或缺、十分重要的部分，小到無法引起蜂蜜和蝴蝶注意的花朵為了授粉，因此把花萼華麗地發育成宛如花朵。

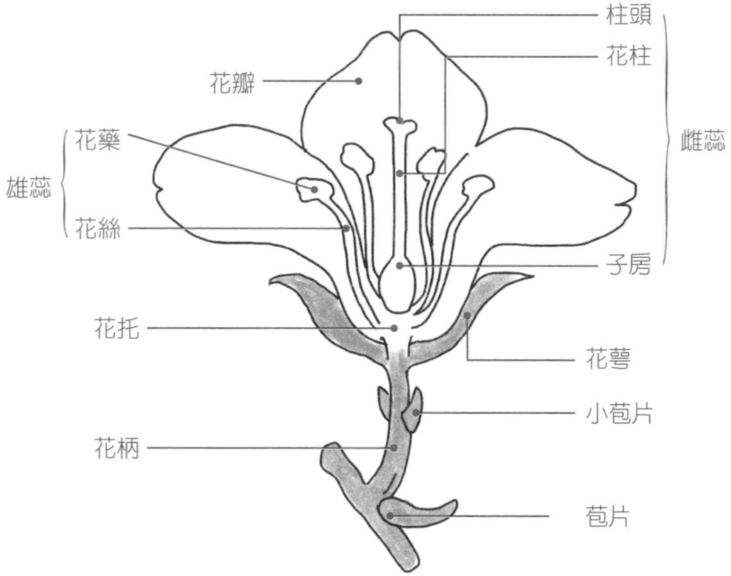

花的構造，花萼和苞片經常被誤會是花瓣。

這裡發生一件有趣的事情。我們知道，花存在的理由是為了授粉，如果這裡的偽花不是萼片而是花瓣，那麼授粉後就沒有存在的必要；但如果是藉由萼片完成授粉，而非花瓣，那授粉結束以後，萼片也沒有非得掉落的理由，換句話說，萼片和葉子沒什麼兩樣，而這正是繡球花的花序不會馬上凋謝，直到初秋都能保持良好狀態的原因。原本我只讚賞繡球花的花期長，原來裡頭還蘊藏著為了延續生命的小小動態。

四照花也使用繡球花的策略

除了萼片，還有一個部位叫「苞片」，和萼片的概念稍有不同。偽裝成假花的萼片是花萼變得像花瓣，苞片則是由葉子變化而成。

育有苞片的樹木中，最具代表性的是四照花（*Cornus kousa* Bürger ex Hance）。四照花為山茱萸科，同樣因為花期長而廣受歡迎。當然，四照花和其他山茱萸科的樹木一樣，會將樹枝一層層地水平開展，因此不僅是花，連樹木的模樣都特別美麗。當然，白花盛開時的四照花最為美麗，水平展開的樹枝上全綻放著白色的花朵，給人一種樹木四周突然變明亮的感覺，也像是在比樹木的個頭伸展得更寬的樹枝上，密密麻麻掛上了明亮的燈泡，非常壯觀。

雖然稱之為花，但四照花與繡球花的生存策略相同，看來像花瓣的部分並不是花。四照花真正的花，位於看似像花瓣的白色部分內側、宛如小圓珠般凸起之處。該處有很多極小的花朵密密地開在一起。由於花朵本來就小，四照花也和繡球花一樣發展了扮裝術。四照花利用的組織是葉子，它讓葉子湊近花朵，再把葉子華麗地發育成宛如花瓣，我們將這種葉子稱作「苞片」。

不論是萼片或苞片，都是植物為了把花打扮得更美豔而發展出來的策略。也就是說，因為花瓣不夠美豔，所以就讓花萼或葉子變形，以此招來蜜蜂和蝴蝶，實現授粉。

以苞片和萼片形成花序的植物們

讓我們再聽聽歌德的故事。前面提到，歌德曾說

四照花真正的花是白色部分的內側、像小圓珠般凸起之處。看來像花瓣的部分是苞片，也就是經過變形的葉子。

植物的所有部位都是從葉子變化而來，而他的說法在現代遺傳學中一一被證實了，這也表示，花同樣是葉子的變形。歌德主張，組成花的花萼、花瓣、雄蕊和雌蕊，全部都是從葉子變化而成。也就是為了更有利的生存，樹葉做好了將葉子和萼片改變成苞片和偽花的準備。

除了繡球花和四照花，還有許多發育萼片或苞片以延續生存的植物。比如花期從冬季到春季的鐵筷子屬、經常被當作草本植物種植的薰衣草等，都是以苞片和萼片形成有利於授粉的花序。這類植物的花序比其他植物更持久的原理，與繡球花和四照花的原理相同。

葉子是植物生存的基礎，植物為了打造更有利的生存所準備的一切，是在葉子上完成的。

植物也有知性？

#伊朗皂莢 #植物的刺 #查爾斯·達爾文

樹木是這片土地上第一個引發生命的生命體，而第一個在海裡誕生的生命於四億年前登上陸地，如此漫長的歲月，僅僅活了二十五萬年的人類無法體會。第一個從海中登上陸地的生命是植物，植物將地球轉綠的過程，奠定了其他生命得以在這片土地誕生和生存的基礎。仔細觀察樹木和觀察生命的歷史可謂一脈相承。生活在我們四周的植物包含了四億年的生命演化史，植物的面貌中蘊藏著生命的祕密，告訴我們生命究竟在生活之中建立了何種關係。

刻印在一棵樹上的生命演化過程

接下來介紹的這種樹木，特點在於會隨時間流逝緩慢演化。這種自生自長於伊朗沙漠地區的樹木向來被稱為伊朗皂莢（*Gleditsia caspica* Desf.），就像以前我們把從中國引進的「皂角樹」稱作「中國皂莢」。最近韓國國家標準植物目錄中揭示該樹木的原產地在裏海地區，將「裏海皂莢」定為推薦名稱。

伊朗皂莢屬於豆科，是韓國土地上也有生長的山皂莢其中一種，即便離很遠也會馬上注意到的堅硬尖刺是它的特別之處。韓國的山皂莢在樹幹和樹枝上同樣有尖刺，但伊朗皂莢的尖刺看起來格外兇惡。

下面我將講述伊朗皂莢二十多年來的變化，情況相當特殊，足以觀察生命的演化。

為什麼尖刺只長到和駱駝一樣高？

伊朗皂莢怒生的尖刺密密麻麻長滿了樹幹和枝條，讓人無法靠近。尖刺從樹木底部往上散布於整個樹幹，但抬頭觀看整棵樹木時，上方樹枝卻不見繁茂的尖刺，尖刺彷彿被人拿一把尺貼著，順著尺切一刀，只長到一定的高度。由於下半部和上半部看起來像是兩種截然不同的樹，伊朗皂莢感覺既神祕又有趣。

樹木長出尖刺的地方，剛好就是駱駝的高度。然而，扎根於澆薄沙漠的伊朗皂莢應該不是一開始就長刺，因為它必須長出葉子才能進行光合作用、製造讓自己生長的養分。

在生命——不只植物——難以生存的環境中，曾經威脅伊朗皂莢的敵人是駱駝。駱

雖然伊朗皂莢的尖刺非常茂盛，上方完全找不到刺。

駝應該是在行走於找不到食物吃的沙漠時發現了伊朗皂莢，並把葉子和柔嫩的枝條亂啃一通，畢竟在很難找到食物的沙漠裡，再沒有比柔枝嫩葉更好吃的東西了。伊朗皂莢若想全身而退，必須躲開駱駝的攻擊，身為枝葉受駱駝喜愛的樹，這是它無可避免的命運。

為了守護自己，樹木長出了尖刺，讓駱駝無法靠近。如果沒有尖刺，駱駝可以任意地從葉子到幼枝吃得一乾二淨。若是樹葉全被駱駝吃掉，就沒有葉子能進行光合作用製造養分，這麼一來，樹木將無法生存。如是之故，樹木伸出了尖刺，以阻擋威脅生命安全、最糟的情況發生。

但是，除了駱駝沒有經歷過其他攻擊的伊朗皂莢，沒必要將刺長到駱駝吃不到的高處，那只是浪費精力。在沒有外部攻擊的位置多長一些綠葉，使光合作用得以進行，對生存來說還比較有利。從樹木清楚知道駱駝的身高，只將尖刺長到該高度來看，著實令人覺得樹木具備的生活智慧很有趣。樹木們在一個地方扎根後，只能一動也不動地站著遭受所有生物的攻擊，使得它們的自救措施特別有意思。還能窺探到樹木在生活上只使用必要防禦手段的效用性。

不止如此，過去二十多年觀察樹木的過程中，我發現了一個驚人的現象。那是二〇一〇年春天，我一如往常來到千里浦樹木園看樹，映入眼簾的景象卻叫人驚訝——原本長很多尖刺的地方，莫名其妙冒出了綠葉！這說不過去啊，伊朗皂莢怎麼會在應該長刺的地方冒出葉子呢？「原來是這樣！」各位很快就猜到了吧？沒錯，這是因為伊朗皂莢察覺，在千里浦樹木園裡不需要抵擋駱駝的攻擊。

植物的記憶力和判斷力

由此衍伸出一個非常重要的問題：伊朗皂莢怎麼知道自己不需要躲避駱駝的攻擊呢？伊朗皂莢於一九七〇年代落腳千里浦樹木園，首次在長刺的地方綻放葉子是二〇一〇年，也就是過了四十年左右才長出葉子。樹木不僅不像之前在沙漠會遭受駱駝攻擊，還在景觀設計師巧手之下受到無微不至的照顧，好好地生長。樹木意識到了植物園裡沒有駱駝，不必為了避開駱駝而耗費精力長出尖刺。

千里浦樹木園的伊朗皂莢在應該有尖刺的位置長出了葉子。

可是，樹木如何記得過去四十年來的經驗？前面提過樹木有記憶嗎？而且我想再提一個問題。假設樹木記得過去所有事情好了，樹木因為過去沒有遭受駱駝攻擊，因此判斷日後也不會有駱駝找來，這種判斷力源自哪裡呢？若這兩個提問很合理，那就代表樹木具有記憶力和判斷力。可是我們明明知道這兩種能力來自大腦，樹木又沒有大腦，怎能記憶，甚至判斷呢？

第一個提出此問的人是查爾斯・達爾文（Charles Darwin）。達爾文發表《物種源始》後就專心研究植物，晚年與兒子合著多本著作，其中一本名為《植物運動的力量》（*The Power of Movement in Plants*，一八八〇），便是他為了找出相關答案而努力的成果。一生都在探索生命演化祕密的達爾文非常好奇，為什麼植物的生活方式看起來非常聰明，根源在哪裡？為了找出答案，他做了各種各樣的實驗。在這本書的結論裡，達爾文談到了實驗結果，那就是「植物具有高於低等動物的智慧」。他不稱之為智商，而稱其為「intelligence」，翻成韓語就是把稱為「知性」（지성）的能力賦予到植物身上。這表示植物不僅能進行單純的感知，還具備在此基礎上產生新認知的能力。

各位贊同達爾文的洞察嗎？不管怎麼說，若仔細觀察過伊朗皂莢四十年來生活在非沙漠地帶的樹木園裡呈現的變化，應該無法否定達爾文的洞察。

衛矛的防禦策略

#衛矛 #天名精 #木栓質 #化學物質

人類會隨季節更換各種食材，享受豐富的飲食生活，我們稱為「當季食物」。春天的當季食物絕對是涼拌春季野菜，食材來自植物的葉子。植物的葉子不僅是人類的食材，對草食動物來說也是很好的食物。

雖然人們以為植物這種生命會寬宏地交出一切，但並不一定是如此。植物在製造養分時，如果被人類或草食動物奪走了必要的葉子，等於失去了生存的力量。由於深諳此點，為了保護自己的葉子，植物在演化過程中制定了生存策略。

在山村長大的人應該都記得，小時候曾把薔薇花的葉子和樹枝摘下來放入嘴裡咀嚼。相同道理，如果要吃到好吃的葉子就必須摘嫩芽，不論葉子再怎麼好，已經長大的葉子不僅嚼不動，酸甜度也較低，人們會說已經長完的葉子「太老了」。美味的涼拌春季野菜必須使用植物長好之前的嫩葉涼拌才好吃。

番茄和馬鈴薯新葉上消化不良的成分

面對摘採新葉的人類和草食動物的攻擊，植物不得不制定對策。植物最先選擇的生存策略是把葉子培養成草食動物難以消化的成分，有些植物甚至會在草食動物啃食葉子時，從葉子上的傷口分泌出特殊酵素來妨礙牠們的消化，番茄和馬鈴薯就屬於這種。動物如果啃食了番茄和馬鈴薯的新葉就會消化不良，若消化不良的經驗反覆發生，動物自然會討厭這兩種植物。有些植物乾脆讓新長出來的部分枝條變成木栓質。木栓質不僅無法消化，嘗起來還有澀味，讓動物打消再吃的念頭。

有些植物把葉子長得又厚又硬，硬到動物的牙齒都無法咀嚼，這種情況多見於常綠樹。山茶樹、日本衛矛、枸骨等的葉子不但厚，還很硬，放入嘴裡咀嚼相當不便，小昆蟲要啃食就更加辛苦。再加上，若把像枸骨那樣葉緣長著尖刺的葉子放進嘴巴裡，免不了將遭受滿嘴潰爛的慘劇。

雖然森林看起來像是一個和平共處、互相分享食物的地方，但為了生存，植物同樣必須時時刻刻保持戒備，不能有一絲鬆懈。如果不這麼做，就會被飢餓的昆蟲和草食動物吃得一乾二淨，消失在這個世界上，從而導致自然的平衡遭受破壞。我想，所有生命為了生存而竭盡全力的模樣，就是自然的美德吧。

讓樹幹長得更大、更難吃

植物一定也有自我防禦功能，我想起了衛矛（*Euonymus alatus* (Thunb.) Siebold）。在韓國任何一個地方都能茁壯生長的衛矛是韓國土生土長的樹木，自古以來就與韓民族生活在一起。之所以取作「衛矛」這特別的名字，是因為它的枝幹上有形狀獨特的翅膀。從枝幹兩旁長出的翅膀，完完全全就像貼在弓箭尾端的箭羽。漢字也是使用意指弓箭的「箭」（전）字和意指翅膀的「羽」（우）字，稱為「鬼箭羽」（귀전우）或「魂箭羽」（혼전우）。

衛矛春季時的嫩葉非常適合涼拌，因此有些地方稱衛矛為「hot-ip-na-mul」（홑잎나물）、「hoes-ip-na-mul」（횟잎나물）*。既然人類可以食用，代

*譯按：hot-ip和hoes-ip為衛矛在各地區的方言，na-mul則指野菜。

衛矛從枝幹兩旁長出的翅膀，就像貼在弓箭尾端的箭羽。

表嫩葉同樣適合做為草食動物的食物，因此衛矛想在森林中存活，不得不採取特殊對策。衛矛為了保護自己，首先會施展變裝術，使枝幹看起來更大，它會假造翅膀，使枝幹看起來是原本的兩倍，甚至四、五倍大。這種防禦策略相當有效，草食動物覬覦的是衛矛的新生枝條，也就是細長的枝條，貼上翅膀變裝的枝條看起來卻很粗，如此一來，草食動物就會認為枝條已經「老了」，不會過來吃它。

然而，衛矛無法就此安心，偽裝雖然有一定效果，仍有不少老練的動物不會被偽裝術矇騙，於是衛矛把翅膀變成了木栓質。正如前面所說，這策略是為了讓草食動物咀嚼枝幹時抵銷掉原本的甜味，留下令人不悅的味道。

用這種生命力存活下來的纖細衛矛若能平安度過夏天、迎接秋天到來，將夾在森林其他大樹之間，炫

用各種變裝術平安度過春天和夏天，在秋天染紅的衛矛。

耀著不亞於其他楓樹的紅葉。由於是靠著極度懇切之心存活下來的生命，樹木在結束一年的勞動、進入秋天後展現出來的紅色，會讓人感到更加美豔和壯觀。

不論用何種方式，世界上所有生命都會為了避開捕食者的攻擊，動用一切手段以努力保護自己的身體。為了生存獨自拚命，是所有生命最本能、也最基本的原理。

植物和昆蟲的夾攻

這裡再簡單補充一種非常特別的防禦策略，主角是天名精。為了對抗昆蟲入侵，天名精努力以各種方式保護自己，程度不輸衛矛。一開始，天名精會在葉子散發妨礙消化的物質，不過昆蟲們也自有應對之道，由此，植物和昆蟲展開了對峙。萬一昆蟲沒有打退堂鼓，天名精就會散發新的化學物質做為下一個戰略。對天名精來說，這是呼叫盟友的訊號。天名精的訊號會傳給刺客蟲和大黃蜂，牠們便投入戰鬥，趕走啃食天名精、討厭的天蛾幼蟲，或在幼蟲體內產卵，把幼蟲當作黃蜂幼蟲的養分，以這種方式幫助天名精擺脫危機。在植物和昆蟲共處、默默度日的森林裡，存在著如此令人驚訝的溝通方式。

大自然中所有生命都會相互合作、相互依存並互惠共生。雖然有時候會成為食物鏈中的被食者，但任何生命體面臨被食的危機都不會束手待斃，等著消失在世界上。

阻擋鬼怪和外敵的尖刺

#刺楸 #枳殼 #尖刺

葉子為了樹木的生存，還會變換成其他模樣，其中一個便是尖刺。當然，尖刺不只是葉子的變形，尖刺是由葉子、枝條和樹皮其中之一變化而來。

帶有尖刺的樹木——好比前面提到的伊朗皂莢，不僅葉子和枝條可食用，連味道都不錯。就算撇除人類，植物畢竟是草食動物的主要食糧，無法正常生長，經常面臨消失危機，所以才製造出防禦專用的尖刺，以防止慘劇發生。

刺楸的尖刺會抓鬼怪

俗稱「엄나무」的刺楸＊（*Kalopanax septemlobus* (Thunb.) Koidz.）就是其中之一。人們會把刺楸放進燉雞中，也會把它的嫩芽做成涼拌野菜。刺楸的新芽和在

＊譯按：刺楸的標準韓文寫法為음나무，與俗稱엄나무不同。

田裡栽培的楤木芽不論長相和味道都很相似，被稱為「刺嫩芽」。除了人類，草食動物也喜歡啃食刺楸的嫩芽和新枝條，刺楸因此在幼小枝條上長出許多猙獰尖刺，試圖躲避草食動物的攻擊。

古時候的人曾經流傳一個有趣故事，說刺楸枝條的刺可以擋鬼避邪。鬼怪出現時，衣襬通常都會下垂，輕飄飄的。比方女鬼會飄動裙角、陰間使者則會一邊擺動道袍下襬，一邊突然飛起來。這類鬼怪進入人類的家時，不會經由大門，而是越過圍牆。這時若圍牆旁邊有刺楸，鬼怪的衣襬就會勾到刺楸的刺，相傳鬼怪這時會以為「原來這戶人家裡有很可怕的東西會抓住我」，掉頭離開，這也是以前家家戶戶都種一棵刺楸的原因。據說若情況不允許種樹，甚至會將刺楸的樹枝掛在廳堂前。

刺楸的新芽和楤木芽在長相及味道都很相似，所以被稱為刺嫩芽，是草食動物喜歡的食物。

那麼多的刺都去哪了？

刺楸長到一定大小之後，那些曾經茂密的尖刺會消失得無影無蹤。韓國江原道三陟市宮村里最老的刺楸就是如此。該刺楸在村裡的稻田旁活了超過一千年，相傳高麗最後一位君主恭讓王躲避刺客逃亡時進入了這村莊，在這棵刺楸旁搭了茅屋生活。想必害怕刺客襲擊的恭讓王也想依靠這棵具有避邪力量的刺楸吧。

然而，這棵刺楸任何一個部位都找不到刺。道理很簡單，前面說過，刺楸長刺是為了避開草食動物的攻擊，這棵刺楸的莖幹已經粗到草食動物難以啃食，因此沒必要消耗能量非得長出尖刺不可。

事實上，對樹木來說，長出尖刺需要耗費相當大的能量。雖然一開始為了存活，不得不耗費能量長刺，但等長大到草食動物無法啃食的程度以後，就會把能量用在其他地方，這種生存策略真的非常聰明。

被運用在各處的枳樹籬

有些樹木不同於刺楸，連死亡那一刻都長著尖刺。這類樹木就算上了年紀，體型也不會變大，因此直到最後一刻都必須面對草食動物的威脅。枳殼（*Poncirus trifoliata* (L.)

長滿硬刺的枳殼曾經是民房的防盜籬笆，在流放地則做為圍籬安置用的樹籬。

Raf.）就屬於這一種。枳殼一輩子都在所有樹枝上長著密密麻麻的硬刺，所以打從以前人們就把枳殼種植成樹籬，防止竊盜。

以前曾有一種把罪人流放到外地，處以「圍籬安置」的懲罰。所謂圍籬安置，真的就是在周圍搭起籬笆，讓罪人無法出去外面的嚴厲懲罰。這時的圍籬就是用枳殼搭建的，讓枳樹籬裡的人出不來，在外面的人也無法進去和罪人見面。真是殘酷的刑罰啊。

將枳殼運用在樹籬的情況數不勝數，別說民房的籬笆，也有在城埒外圍種植枳殼的情況。據說在忠清南道瑞山李舜臣將軍駐屯過的海美邑城，枳樹籬曾經非常繁密茂盛，甚至茂盛到乾脆取枳殼的漢字「枳」字，稱該地為「枳城」。雖然現在無法找到當時的枳殼，但據悉當地為了還原古人的生活，種植了新的枳殼。

有兩棵枳殼被種植在城牆上當作圍籬，極具代表性。自高麗時期開始，每當外敵入侵，避難的君王便會將江華島做為臨時住所，而這兩棵枳殼就位於江華島甲串里和沙器里，至今已活了四百多年。因樹木深具歷史意義，政府便正式將它們指定為天然紀念物保護。

江華島枳殼城墎

江華島從高麗高宗時代（一二一三～一二五九年在位）就是君王躲避蒙古入侵的避難處所。該島不僅靠近首爾，也很適合躲避不擅海戰的蒙古軍隊。朝鮮的君王因同樣的理由善用著江華島，丁卯戰爭*的仁祖就是這麼做。之後，每當朝廷發生緊急狀況，便以「保障地」†之名退守江華島，讓君王得以避難。江華島尤其在肅宗時強化了防禦設施，從墩台開始，建築了江華外城和文殊山城，甚至確立了管理體系。江華島的城主要是用土堆砌的土城，經常坍塌，英祖時期下令修復，枳殼就是這時出現的。以〈江華留守元景夏之上書〉形式留下的紀錄提到，「因梅雨導致過半都城倒塌，令人心痛」，並提出了植樹計策，毋需龐大費用便能打造長城。元景夏稱，只要動員江華地區居民種樹，就能在六至七年內將兩百里長的距離堆砌成都城，如此一來，「城外茫茫大海形成自然的壕塹（圍繞都城的壕溝），就防禦外敵的計策而言，沒有比這更好的了。另外，沿海的土性最適合栽種枳殼，常有很多鎮、堡成為密林」。他又補充：「高麗的崔瑩‡之所以無法擊破耽羅國◎，就是因為枳柵（枳殼做成的木柵欄）的緣故」，強調了枳殼城墎的效用。

不過，當時枳殼難以在江華島生存。今日地球整體溫度變暖，緯度高於江華島的地方也有枳殼，但當時的江華島對枳殼來說太冷了，不利生長。最後王室從嶺南地區※運來生長良好的枳殼，種植在城牆各處。在這片土地的南方茁壯成長的樹木們在國家危急時，為了守護王室而離開故鄉，當了國家的看守人。之後歲月流逝，江華島城牆的枳殼全部死亡，只剩兩株存活下來，迄今佇立。

樹上的尖刺是樹木為了在土地上存活，全力付出的結果，人類也一直在這些刺的幫助下被守護，使生活更加平安。上述是關於樹木和人類一起生活的故事。

＊譯按：指一六二七年後金入侵朝鮮的戰爭。

†譯按：當國家面臨戰亂等危急情況，王室和朝廷可以暫時避難、受到保護之地。

‡譯按：高麗王朝末期的名將。

◎譯按：今濟州島的古國名。

※譯按：相當於今朝鮮半島南部、慶尚道地區。

歷史要塞江華島曾經種植枳殼圍繞城牆，以應對戰爭。

太初時就有細菌

#藍綠菌 #共生理論 #琳．馬古利斯 #葉綠體

談光合作用之前，讓我們回顧一下大家最近經歷的特別日子，也就是世界性的大流行病。在新冠病毒出現之後，世界有了驚人的變化——人類所有的日常生活，全因肉眼看不見的微小病毒而停止——笑得燦爛的臉龐必須用口罩遮擋；就算和親友見面也不能握手；在狹窄的電梯裡得互相觀察、保持距離；因為擔心旁人身上某處可能盤踞著病毒而互相警戒；學校運動場變得空蕩蕩，學生們窩在小小的房間內，用「非面對面上課」的陌生方式學習；上班族不再外出上班，改以居家辦公度過每一天。簡直是活在一個前所未有、特別的世界。

病毒究竟是什麼，我們這些日子要因為它而受這麼大的痛苦呢？病毒介於生命體及非生命體之間，生命體的基本結構是細胞，但病毒不具細胞的形態。病毒是非常小的物質，平均大小只有一萬分之一毫米，對於如此之小的物質，萬物之靈、同時又像掌管著地球所有生物

的人類竟束手無策，真的非常令人困惑。甚至讓人懷疑，人類真的是地球的征服者，真的是萬物之靈嗎？

病毒不過是一個物質，它必須進入宿主的體內才能活動。然而，進入宿主體內後，病毒能做的事情只有複製自己而已。另一方面，病毒很特別，它會發揮特殊能力以便更有效地複製自己，最重要的是，它可以隨心所欲地操縱宿主。比方說，我們如果被感冒病毒感染，病毒就會操縱人類這個宿主，使人類咳嗽，如此一來，人類就會按照病毒這一微小物質的命令，咳起嗽來。這相當於做為「自豪於主宰世間萬物」的「萬物之靈」，丟盡面子一樣。不管怎麼說，感冒病毒會透過咳嗽，順著往空氣中散播出去的飛沫轉移到另一個宿主上，進行更大量的複製，並以此生存。

細菌只會致命嗎？

有種微生物像病毒一樣，只能生活在宿主身體上，那就是細菌。從生命誕生的歷史來看，細菌是最古老的生命體。一談到細菌，人們的反應和談到病毒一樣，最先想到的是「病原體」這種先入為主的觀念，認為細菌和病毒若進入體內，我們馬上就會患病。

病毒和細菌當中的確有些種類會引發致命性疾病、使人喪命。然而，病毒和細菌不一定只會引發疾病，也有不少對人體有益的病毒或細菌，我們甚至因為覺得光靠生存在體內的細菌不夠，花大錢購買細菌，每天把它們吃進體內。乳酸菌就是一個代表性的例子。很顯然，乳酸菌也是一種細菌。

只將病毒或細菌視為病原體是不對的，它們是我們經常帶在身上生活的東西，換句話說，是我們共生的對象。新冠病毒也一樣，與其將它們消滅殆盡，思考如何與它們共生才是更正確的對應方法。事實上，人類經歷過的無數病毒中，只有一種病毒被完全消滅，那就是天花。如果非得再補充一種，牛瘟病毒也成功地被完全消滅了，不過這種病毒並不會給人類帶來疾病。

葉綠素曾經是細菌？

最能簡單說明這種狀況的人，無疑是已故的琳・馬古利斯（Lynn Margulis）。馬古利斯在演化生物學領域留下了輝煌成果，最具代表性的貢獻是「內共生理論」，也就是「所有生命都和其他生命共生」。馬古利斯在《共生行星》（*Symbiotic Planet: A New Look at Evolution*）一書中曾經斷言：「如同我們擺脫不了大腦的前額葉，我們也擺脫不了病毒。」也就是說，她甚至把病毒與大腦做比較，強調我們無法擺脫病毒。她同時還說：「即使是現在這一刻，我們的皮膚內外也存在著『數百萬種』微生物。」

根據馬古利斯的內共生理論，生命初始階段出現的光合作用是透過共生而形成。前面提過，進行光合作用的地方是樹葉的葉綠素，而葉綠素存在於具有特殊膜體構造的葉綠體當中，也說過葉綠素由無數個圓盤以複雜的管子連接在一起（參考三十四頁葉綠體構造圖），甚至還說了葉綠素的圓盤看起來就如同細菌。事實上，葉綠體曾是獨立生活的細菌，也就是韓語稱為「藍藻細菌」的藍綠菌*。

藍綠菌和宿主細胞的共生

藍綠菌是唯一一種可以藉由光合作用分解水的細菌，曾經獨立生活，但在約莫十億年前卻因為某個過程，被成為宿主的細胞吃掉了。通常來說，發生了這種情形，細菌會在宿主細胞內被消化不見，藍綠菌卻沒有消失。儘管此一過程依然是謎團，但可以肯定，從宿主細胞的立場來看，它發現了藍綠菌活著更有利於自己生存。存活在宿主細胞

---

*譯按：藍綠菌的韓文시아노박테리아是外來語英文「Cyanobacteria」的直接音譯，而藍藻細菌（남조세균）則為漢字詞，故作者在此另外說明。

裡的藍綠菌一開始是在海洋中的藻類體內，之後才發展成高等植物葉子裡的葉綠體。到這裡，我們只能接受「生命是因為透過共生，才得以做為生命」的說法。

現今想完全理解十億年前發生的事情是不可能了，雖然科學家們努力尋找各種證據，也試圖透過各項模擬實驗來解決謎團，但這本來就是很久以前的事，誰也無法證明確切的事實。儘管如此，我們仍然可以肯定，藍綠菌打從在宿主細胞內與它共生開始，生命就已經準備好發展成現在的生命之基礎。

透過光合作用獲得能量真是一件驚人又美妙的事情，因為只要有水就行了。換句話說就是僅僅利用水裡的氧和氫，讓它們產生反應，並使用反應時產生的能量，相當夢幻。利用太陽光能將水分解成氧和氫，然後再次讓這兩個元素產生反應、獲得能量，接著重新轉回水。用反應式表示如下圖：

正經歷能源危機的人類為了解決問題而努力發展的氫經濟，應該就是在此卡關。在氫經濟中，不管製造出來的能源再多，也不會

$$6CO_2 + 6H_2O \xrightarrow{\text{陽光}} C_6H_{12}O_6 + 6O_2$$

$6CO_2$		$6H_2O$		$C_6H_{12}O_6$		$6O_2$
二氧化碳	+	水	陽光 →	糖	+	氧

排放任何污染，只會出現再次用來做為能源的水而已。如此一來，不僅沒有必要為了取得能源而尋找化石燃料，我們現在最擔心的全球暖化也不會發生。只要能夠控制爆炸的風險，就能打造出更美、更乾淨的地球。雖然這件事仍然像夢，但我想最終這都是科學遲早會解決的課題。

樹木的演化

#裸子植物 #被子植物 #銀杏 #原始植物

地球在四十五億年前形成，生命則在約莫三十五億年前自海底誕生。海底的生命打破了漫長歲月的寂靜，於四億年前左右登上陸地。最初登上陸地的生命是植物。當時的植物是蕨類植物，第一個登陸的蕨類植物是樹蕨。雖然光看葉子覺得和平常看到的蕨菜沒什麼不同，樹蕨其實是一種莖幹長得相當粗壯且大的植物。樹蕨類植物在韓國的大自然中很難看到，最近卻常見於植物園的熱帶溫室，特別是韓國國立世宗樹木園的熱帶溫室裡，可以觀賞到各種各類的樹蕨。

緊接樹蕨之後在陸地上生長的植物是針葉樹種。針葉樹種成功地在陸地上慢慢繁殖，將地球覆蓋成綠油油的一片。在這個時期，地表上除了植物以外，不存在其他生物，植物得利用風來傳遞花粉實現繁殖。如今我們稱為「風媒花」的植物，大多數都是靠這種方式繁殖。

裸子植物針葉樹

從這裡開始可能會有點難理解。此時期的植物尚未發育出我們稱為「花」的器官。植物學上所說的花，是指由花萼、花瓣、雄蕊和雌蕊等四個部分組成的器官，尤其花具有雌蕊的下方有子房，子房裡有胚珠的特徵（參考一九〇頁圖示）。然而，我們講到花時，經常是指植物為了結果而發揮功能的所有器官。舉例來說，春天時於樹梢結出又多又密的黃色粉末、再藉由風力達成授粉的松花，在植物學上就不稱為花。松樹隨風授粉，在它的毬果上密密麻麻結出的種子得不到其他器官的保護，只有用殼包覆而已。換言之，松樹的種子是外露的，我們稱這類植物為裸子植物。

對應裸子植物的是被子植物，不過暫時把被子植物相關說明放到一旁，先進一步探討裸子植物。

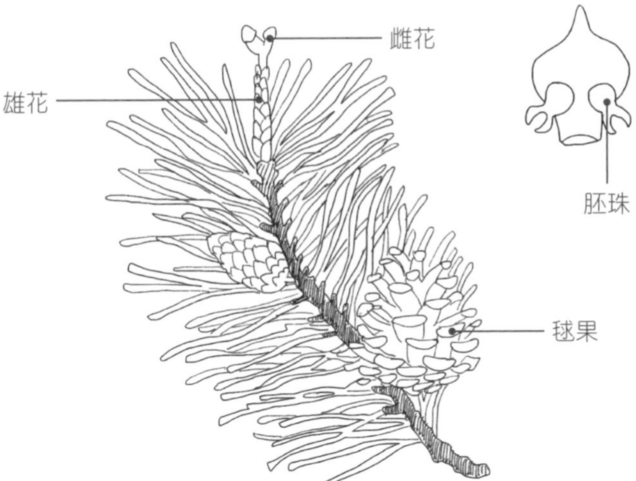

赤松為裸子植物，結在毬果上的種子僅以外殼包覆。

幾乎所有的裸子植物都是長著針葉的針葉樹，銀杏則是例外，銀杏既是裸子植物，也是具有寬葉子的闊葉樹。這固然是偶爾會有人問「銀杏是針葉樹還是闊葉樹」的原因，但此一提問建立在「銀杏是裸子植物，既然大多數裸子植物是針葉樹，那銀杏應該就是針葉樹吧」的想法上，所以問題本身並不正確。然而，針葉樹和闊葉樹確實只根據葉子的長相來區分，從這標準看的話，最正確的回答應該是：「銀杏雖然是裸子植物，但它是屬於裸子植物中的闊葉樹，是個例外。」

精子，植物從海洋演化的痕跡

銀杏是這片土地上第一個上陸繁殖的裸子植物之一，由於銀杏是非常古老的樹木，因此有不少神祕的故事，比如它的繁殖過程。銀杏若要結果以繁殖，雄花的花粉必須貼附在雌花上。最特別的是，銀杏有雄雌之分，雌樹只開雌花，雄樹只開雄花，而植物學把從銀杏雄樹的雄花開出來的「花粉」稱為「精子」。

第一次從銀杏中發現精子是一八九六年，當時的發現者是日本東京大學的生物學家，同時也是畫家的平瀨作五郎（一八五六～一九二五）。他在觀察銀杏花粉時發現了其他花粉沒有的尾巴，判斷應與動物的精子相同。平瀨作五郎做出的定論表示，這是曾

精子発見のソテツ
裸子植物のソテツに精子が存在することが、1896年（明治29年）東京大学農科大学助教授（当時）池野成一郎によって初めて明らかにされた。この発見は、平瀬作五郎によるイチョウ（本植物園保有）の精子の発見とともに、日本で近代的な植物学の研究が始まった時期に達成された偉大な業績である。このソテツは池野成一郎が研究に用いた鹿児島市内に現存する株の分株で、鹿児島県立博物館のご厚意によって分譲されたものである。
Spermatozoids of *Cycas revoluta*
Spermatozoids of *Cycas revoluta* Thunberg were discovered by Associate Prof. Seiichiro Ikeno, College of Agriculture, University of Tokyo in 1896, almost simultaneously with the discovery of spermatozoids in *Ginkgo biloba* L. by Sakugoro Hirase. These findings of gymnospermous spermatozoids were outstanding achievements in the early period of modern botanical research in Japan. This plant is an offshoot of the plant examined by Prof. Ikeno, which is now conserved *in situ* in the Kagoshima Prefectural Museum.

東京大學植物園內發現精子的蘇鐵。在這株蘇鐵的花粉中發現了其他花粉裡找不到的尾巴，展現了原始植物的演化過程。

經透過精子繁殖的海洋生命痕跡，宣稱在如銀杏那樣首次於陸地扎根的植物身上，也找得到從海底演化而來的生命痕跡。

差不多同一時期，同是東京大學植物學家的池野成一郎（一八六六～一九四三）在蘇鐵的花粉中發現了精子，取得原始植物的研究成果。前往日本東京大學植物園就能看見當時第一次被發現精子的銀杏和蘇鐵仍然好好地保存在原地。園方甚至在樹前立下紀念碑，寫著「發現精子的銀杏」和「發現精子的蘇鐵」。

不開花植物的繁殖

從四億年前左右開始，保留著海底生命痕跡的生命們開始在陸地上繁殖。爾後，約莫在一億四千萬年前，地球上出現了令人驚訝的變化，就連研究生命演化過程的達爾文都曾表示這種變化脈絡難以理解，也就是開花。這裡所說的花，是指具有花萼、花瓣、雄蕊、雌蕊等四大要素的植物的生殖器官。當然，有些花缺少四大要素的一兩個，我們將這種例外稱為「不完全花」。

前面提到銀杏時稱「雌花」和「雄花」的說法，從植物學術語來看不盡正確，因為直到一億四千萬年前，地球上一直沒有花。也不能說針葉樹為了繁殖而隨風散播的東西是花粉，因為那不是花。不只這些，還有很多說法同樣讓人混淆。例如我們把從松樹雄花頂端長出來的黃色東西稱為「松花」，也就是「松樹花」，但不論銀杏或松樹，或是絕大部分的針葉樹，生殖器官都不存在組成花朵構造的基本要素——花萼、花瓣和花蕊。不過是個生殖器官而已，在近代植物學體系較晚確立的韓國植物學中卻還無法建立合適的術語。雖然我們無法突然改變普通名的說法，但必須理解概念。

因為沒有花也沒有雌蕊，沒有雌蕊就不會有子房，而既然沒有子房，就算結了果，也不會有保護它的組織，那就只能裸露在外面了。

所有裸子植物都利用風來繁殖，若要提高繁殖成功率，只能大量增加花粉。這就好比我們會質疑：「在松花開花的季節，松林裡如黃色霧氣般升起的松花粉中，究竟有幾克的花粉會成功？」由於針葉樹就是依靠如此低的概率來繁殖，所以才會生產比所需更大量的花粉。身為植物，這麼做其實非常浪費，但也沒有其他方法。

裸子植物的繁殖雖然曾經存在難題，卻還是成功了，甚至到了足以改變大地的程度。此一過程中，具有雌蕊、雄蕊、花瓣和花萼的花朵忽地綻放。考古學家洛倫·艾斯利（Loren Eiseley）曾在名為《浩瀚之旅》（*The Immense Journey*）的書中針對開花現象表示「一片花瓣改變了世界」。這絕非誇大，連達爾文都曾對此感到驚慌。

被子植物，水分的效率性

花的驚人之處在於，花的繁殖方式和針葉樹截然不同，而這點相當驚人。花朵繁殖的祕密在雌蕊，雌蕊上方用來接受花粉的柱頭稍微張開著，往柱頭下方走會看到一個凸起的部分，子房就在裡頭。成功授粉的花凋謝之後，子房內的胚珠會成熟、長成種子，子房則會發育成果實，將種子包覆在裡面。由於種子在內部，因此稱為被子植物*。附帶一提，若要成為被子植物就必須開花，所以我們稱被子植物為「有花植物」或「開花植物」。

達爾文之所以驚慌，是因為很難找到花朵發育的脈絡，從裸子植物演化到被子植物的過程非常突然。裸子植物在隨風繁殖上消耗了極大的能量；被子植物則利用了其他媒介，其繁

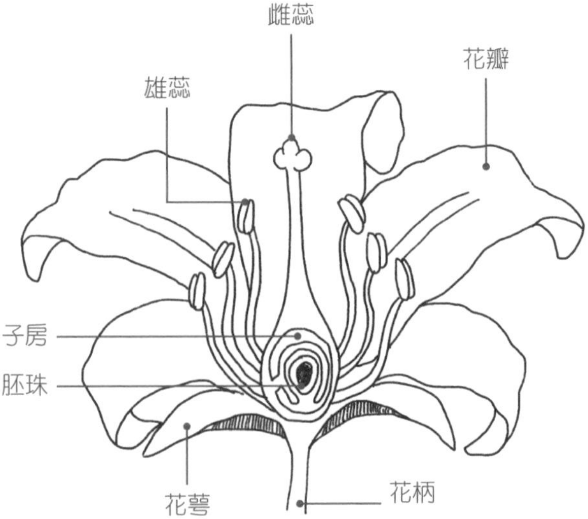

被子植物的構造。
柱頭張開以方便接受花粉，雌蕊下方的子房可以保護種子。

殖過程的經濟效益與裸子植物相當不同。達爾文遇到了困難，他很難找出連接這兩者之間的脈絡。

花會招來其他生物如昆蟲，再透過提供花蜜或花藥讓昆蟲的身體沾上花粉。當沾滿花粉的昆蟲飛到其他花朵上時，就能自然而然地授粉，極有效率。以新方式繁殖的被子植物不用像先前的裸子植物一樣浪費能量，僅靠必要的花粉量就足夠。

甚至，大部分被子植物連葉子的形狀都不同於以往，從細長針狀變成了寬葉。這是劃時代的變化，雖然最初的變化是根據繁殖方式，但最終連樹葉的形狀都改變了。闊葉樹和針葉樹的差異是植物演化過程中十分重要的契機，也是相當關鍵的證據。

＊譯按：被子植物韓文為속씨식물，속指「裡面、內部」，씨有「種子、籽」之意。

森林是如何形成的？

#松樹 #蒙古櫟 #演替 #相剋作用 #極盛相森林

森林是活的，聚集著各種各樣的生命體，時而構成食物鏈，時而相互依存，形成複雜龐大的生態界。更重要的是，森林會如同生命體般不斷變化，因為活著的生命沒有停止的道理。

我們把森林的自然演變稱為「演替」，讓我們來看一下森林的演替過程。假設有一座荒蕪的山因為山火或颱風等自然現象而遭受破壞，導致寸草不留，最先進入這種森林的植物，大多是根較淺的植物。以韓國森林的情況來看，迎紅杜鵑就屬於根較淺的。像迎紅杜鵑這樣第一個進入荒地的植物，我們稱為「拓荒者植物」。

迎紅杜鵑接受黴菌的幫助

此處首先必須了解一個事實，那就是世界上任何一個生命體都不會獨自生活。如同前面的內共生理論探討過的，生命體雖然外表看來像是獨自佇立，體內實有無數多的微生物正在共生，不管是人、動物，還是植物，都一樣。迎紅杜鵑也是如此，從外表看來似是單獨的生命體，體內卻含有各種各樣、難以用肉眼確認的微生物。沒有微生物，生命就不可能延續。

據悉，迎紅杜鵑首次落地生根時，給予它最多幫助的是黴菌。和迎紅杜鵑一起生活的黴菌不僅幫助它生存，還把它扎根的土地變肥沃，發揮了開墾土地的作用。與迎紅杜鵑一起在早期進入瘠地的生命還有葛藤。同樣地，葛藤和其他微生物共生的同時也帶頭開墾土地，使其他生命可以進入森林生活。

隨著時間推移，森林裡出現了不知從哪來的、某種把迎紅杜鵑和葛藤等植物做為食物的生物。任何有食物的地方一定都會吸引生命體，即使得花上點時間，這仍然是肯定的。

我們假設這時有昆蟲或鳥把迎紅杜鵑的葉子或花當成食物，那隻鳥在找來之前，很可能在其他地方先吃了別的果實，並在果實種子尚未消化前抵達。不只如此，鳥飛來的途中，漂浮在空氣中的其他植物種子或肉眼看不見的微生物，也會附著在鳥的身體上。如此一來，當這隻鳥停留在迎紅杜鵑旁，牠肚裡的種子將和排泄物一起掉在地上，黏在羽毛上的種子或微生物也自然而然落入土中。種子掉落在受黴菌幫助而變肥沃的土地上，一邊適應新的天空和土地，一邊成長。就這樣，迎紅杜鵑周遭開始慢慢長出了其他植物和微生物。

相剋作用，針葉樹的生存方法

過程當中，繼迎紅杜鵑之後，首先適應該森林的植物是針葉樹類。以韓國森林為標準來看，最具代表性的當然就是松樹。然而，在迎紅杜鵑旁長大的松樹卻因為葉子的緣故，相當擔憂。

松樹的葉子是針葉，葉子是製造養分的工廠，但這間工廠的規模非常小。要生產產品就得貯存原料，這間製造光合作用的工廠規模卻太小，貯藏陽光、二氧化碳與水等原料的空間也不大。就算陽光再好的日子，能夠貯存的陽光、二氧化碳和水的量依然有限，導致松樹免不了擔心，本來就不足的光合作用基礎原料會隨著旁邊其他植物的生長被搶走。

最後，松樹會散發毒素，讓其他植物無法在它旁邊生長。雖說是「毒」，其實是一種趕走其他競爭植物的成分，不會對人類造成影響，這種為了使陽光、二氧化碳和水不會從自己生活範圍內被搶走所做的努力，稱為「相剋物質」*；其他植物因為相剋物質而無法生長的現象叫做「相剋作用」†。我們會發現，松樹根部周遭沒有其他植物。

蒙古櫟在成為森林的主人之前

然而，就和所有生命一樣，總有例外。只要經常爬山就能看到，松樹旁邊長著茁壯的幼小植物，那大多是蒙古櫟。雖然往韓國南部地區走，鵝耳櫪比蒙古櫟多，整體來說蒙古櫟的比例還是比較高。蒙古櫟是古人經常稱為「橡樹」的眾多樹種之一，稱其為橡樹是因為會結橡實，但在植物分類學中被分類為殼斗科。蒙古櫟是殼斗科中葉子最寬的樹木。

在松樹旁生長的樹木大多是蒙古櫟的箇中原因，可從蒙古櫟的葉子一探究竟。蒙古櫟從小葉子就大，甚至超過一個成人手掌大小。不論是松樹還是蒙古櫟，所需養分都由葉子製造。蒙古櫟的養分製造工廠——葉子——比松樹大很多，能夠貯藏陽光、二氧化碳和水的空間充足，製造出來的養分自然就多。蒙古櫟並非不會受到松樹散發的相剋物

＊譯按：又稱交感物質（Allelochemicals）。

†譯按：又稱化感作用（Allelopathy）。

質影響，但能充分生產養分的蒙古櫟具有足以戰勝相剋物質的力量。套句以前大人們經常講的話，它就是靠「吃飯獲得的力量」生活。

蒙古櫟在松樹旁茁壯成長，由於製造出來的養分很多，生長速度因此很快，只要過一段時間就會長得比赤松還高。

此時，這座森林將出現新變化，松樹會面臨很大的危機，其中問題最大的便是陽光。葉子寬闊的蒙古櫟會投下大大的陰影，若陰影面積變大，好不容易將生命延續下來的松樹便接受不到陽光了。如此一來，此前茂盛繁榮的松樹將開始慢慢倒下。

最後，這片森林會成為蒙古櫟林，並以這種狀態長期繁盛下去，這在生態學中稱為「極盛相森林」，意指森林演替過程之中，生態界配合氣候條件發展的最後一個階段。

就像這樣，葉子大小的差異在生命的存續過程中帶來了關鍵變化。雖然可能會覺得「一片葉子有什麼大不了的」而對此漠不關心，葉子實際上掌握著植物的生殺大權。

樹葉的組織改革

#側柏 #海松 #針葉樹 #樹冠羞避現象 #光合作用

千里浦樹木園曾有一塊區域把側柏屬的樹木像圍牆似地種成一整排。側柏屬的模樣呈三角錐形，愈往頂端長得愈尖，尖尖的三角錐形樹木們比肩而立，形成自然的圍牆，看起來好不美麗。二十年前七、八棵樹木排成一排的美麗風景、這道曾經很美的圍牆，甚至帶點異國情調。之所以把圍牆的故事寫成過去式，是因為當中有幾棵樹已經倒塌或死亡，圍牆不在了。

約莫十五年前的某個夏天，颱風重擊了千里浦樹木園，成排樹木中間的一棵枝幹斷裂、倒下，這不僅導致宛如圍牆的美麗風景消失，也很難發揮防風的作用。由於中間出現了通道，風得以從中通過，林立兩旁的樹木們抵擋不了狂風，無法正常生活。就算樹木園再怎麼盡心保護，依然感受到「就連樹木也躲不過大自然的趨勢」此一事實。

如今，這幾棵側柏屬的樹木中還有幾棵活著，但出現了特殊現象，有些人甚至覺得那模樣醜得可怕——樹枝末梢長著滿滿綠葉，靠近樹幹的部分卻一片綠葉也沒有，只長出茂密的黑刺。此現象樹木相鄰時完全無法得知，但原本在旁邊的樹木倒下後，就看得到樹枝靠裡頭的部分了。

這個位置打一開始就沒有葉子嗎？那倒不是。一開始所有樹枝上應該都長著茂密的葉子，但在樹木生活期間，靠近樹幹的葉子自動掉落了。這是為什麼呢？樹木如果要長得好，不是應該長出更多葉子，以利行光合作用嗎？

側柏連葉子都淘汰掉？

從結論來說，這是因為樹木認為自己不需要無法好好行光合作用的葉子，所以自己把葉子減掉了一部分。也就是說，樹木認為不做事的葉子沒有存在價

側柏樹梢的葉子長得密密麻麻，樹幹附近卻只有樹枝繁茂，一片葉子都沒有，因為樹木讓接觸不到陽光而無法行光合作用的葉子掉落了。

值，而這種作法套用了非常客觀的生命原理。

樹木一開始會長滿葉子，以便盡可能多多製造養分，而在樹木鬱鬱蔥蔥地長出葉子後，樹枝將擠滿了葉子。雖然這麼做是為了行更多的光合作用，但也有兩難：樹梢長出的葉子愈多，在茂盛葉子下方的陰影愈深，靠裡面的葉子將照不到陽光。儘管樹木已從根部把水拉上來，並吸收空氣中的二氧化碳，為進行光合作用做好了所有準備，但處於陰影下的葉子接觸不到最關鍵的陽光，仍然無法進行光合作用。從樹木的角度來看，這就是浪費。葉子無法行光合作用，卻仍然得從根部把水吸上來，並從空氣中吸收二氧化碳，那還不如將那些葉子奪取的水和二氧化碳分給能夠接觸到陽光的葉子比較有利。最終，樹木認定不能行光合作用的葉子沒有用處，便把它們減掉了。這個部分原本在樹木站成一排時被遮擋，隨著它的顯露，我們得以確認針葉樹的生存策略。

淘汰無法進行光合作用的葉子的現象，一般針葉樹也看得到，很是常見，在針葉樹林裡更是如此。我曾和幾位同事在京畿道加平郡一個名為「松香綠林」的樹林裡散步，松香綠林以海松林聞名，由於海松的樹形筆直優美，海松群落本身非常美麗。然而，在林子裡散步時，往筆直樹幹旁邊伸展的樹枝一大部分都呈現斷裂或腐爛、燒得焦黑的模樣，彷彿已經死了，令人覺得相當奇怪。當時其中一位一起散步的朋友問「樹木為何垂死呢？」，可是這並不是垂死，反而證明了樹木為了更有效生存所做的努力。換言之，這是下方樹葉被頂部綠葉形成的樹蔭擋住，光合作用效率低落，因之掉落所產生的結果。

樹木的另一個生存策略

同樣道理，在樹木身上出現的所有現象中，有個名叫樹冠羞避的現象＊。雖然此現象在一般森林也看得到，但針葉樹林特別明顯。樹冠羞避現象同樣是樹木為了更有效率地進行光合作用的生存策略之一。

該現象第一次留下紀錄據說是在一九二〇年代。樹木接受光的部位會察覺光照並認識周遭，進而和旁邊的樹木保持一定距離，策略目的是在彼此製造養分的過程中不互相干擾，換句話說是為了不讓光合作用受到阻撓，因此保持距離。然而，在擠滿樹木的樹林裡，保持距離不是那麼容易，所以樹木們就將狹窄的空間像拼拼圖似地，一層一層慢慢填滿，又不會妨礙彼此晒太陽。

事實上，只要踏進樹林、仰望天空就會發現，樹枝宛如緊緊拼在一起的拼圖，彼此之間保持著雖然狹窄但明顯的距離，非常神奇。儘管這策略最終是為了光合作用，產生樹冠羞避現象還有以下附加理由：樹木之間若距離太近，風吹時就會互相碰撞，可能導致樹枝折斷；若貼得太緊，將建立害蟲能夠到處移動的通道，和我們規定人與人之間保持兩公尺以上距離以阻止新冠疫情傳染是一樣的道理。

＊英文稱之為「crown shyness」。

樹葉能預知未來

#欅樹 #流蘇 #天氣木

這片土地上的大樹一直守護著人們的生活，人們在樹木前祭祀許願，樹木將殷切的期望傳達上天，在村子裡和人們一起生活了很長時間。認為樹木永遠都是站在人類這邊的古人會望著樹木，預測不久後的未來。最典型的就是觀察早春時樹梢綻放的葉子狀態，藉此推測一年的收成。

用樹葉預測未來的例子非常多，很難一一細數。比如佇立在韓國慶尚北道蔚珍的小村莊新興里的老欅樹。這棵樹春天發芽的新葉，就和觀測應該如何耕作的氣象台作用相同。具體來說，人們深信，若欅樹的葉子由下往上慢慢長出來，就要從用雨水養稻的雨養田開始插秧；如果葉子是由上往下、邊下垂邊長出來，就要從灌溉稻田*開始插秧；若整個樹枝都長出葉子，很難分辨先後順序，那麼插秧也必須一次進行。

雖然是古人根據自身多年經驗，像傳說或迷信似地在民間流傳的故事，但若仔細推敲，同樣能找到科學線索，非常有趣。雨養田是指和灌溉稻田相比，水很少的田地。當土地潮溼，櫸樹葉會從下往上長出，此時雨養田的溼氣同樣漲得滿滿的。秧苗要扎好根必須有充足的水氣，在這種氣候下，最好趁早從溼氣變充足的雨養田開始插秧。若與此相反，葉子從上往下長出，就表示土地的溼氣少，雨養田裡的水應該還沒滿，先延後雨養田的耕作，從水氣較多的灌溉稻田開始插秧比較有利。

當然，葉子的生長順序不只取決於溼氣，測量一棵樹上不同高度的空氣溼度也很難說是科學做法，但在沒有其他氣象觀測法的年代，樹木的生態就是唯一能預測氣候的依據，尤其櫸樹長葉子的時間和農村裡插秧種稻的時間一致，渴望豐收的農民只能倚靠櫸樹。這就是蔚珍山的櫸樹既是務農方法的標準，也是祈求豐年之樹的原因。

用樹木的狀態看出收成好壞

還有一個類似的例子。韓國南部的農村一定會種植至少一棵以上的流蘇。在有又

＊譯按：雨養田又稱望天田，指無灌溉工程設施，主要依靠天然降雨的耕地；灌溉稻田指即使不是雨季，地下水水位也不會降到三十～四十公分以下，持續維持潮溼狀態、排水不良的農地。

大又古老流蘇的村裡，人們曾經相信，若流蘇的花一次全部綻放，表示該年是豐年；若花開得稀稀疏疏，表示該年收成不好，是歉年。這裡頭同樣含有科學。流蘇的花在插秧季節開花，花若要開得好，就必須有充足的溼氣和溫暖的陽光，和秧苗能扎好根的條件相同。歸根結柢，流蘇的花開得好，表示秧苗將好好扎根，健康地成長，結出飽滿的穀粒。

偶爾則有些情況很難理解根據何在，位於全羅南道長興郡的天然紀念物糙葉樹就是如此。傳說，長興郡語山里的糙葉樹葉子開得晚，或是沒有全開，國家就會因疾病和災難而陷入混亂；反之，若葉子全開，國家就會天下太平、迎來豐年。這種等於僅僅憑藉樹葉狀態就預測國家太平的說法，我認為是不管怎麼講都很難找到科學根據的預測。當然，葉子沒有全開國家就會混亂，也可以視為是依賴大自然生活的古人之

農村的人相信，流蘇的花若一次全樹綻放，便會迎來豐年。

思考模式。「在把治山治水視為經國第一法則的時代，若能將國家治好，天氣就會好；天氣好，樹葉就不可能不會全部綻放」，我認為上述說法，很可能是出於此一想法所編造而成。

除了這種特殊情況，樹木的狀態的確是農人仔細觀察、推測該年是否豐收的跡象。我再簡單介紹幾個例子，這些例子都差不多，但仍略有差異。首先是天然紀念物、仁川新峴洞的槐樹。據說農民曾以槐樹花開的位置做預測，花如果先開在樹的上方就會迎來豐年，先開在樹的下方就是歉年，但此說很難得知根據何在；相傳由仁同張氏的始祖種植、位於慶尚北道青松郡新基里的櫸樹，農人相信若樹木上方和下方同時長出葉子就會是豐年；清道郡德村里的腺柳若春天時一次就冒出葉子，該年就會豐收。從確認樹木的狀態來推測農事收成好壞的情況非常常見，若要一一舉例，講也講不完。雖然很難找出科學根據，卻說明了每個人都將祈求豐年的渴望寄託在樹木上。

自然中存在可預測的線索

似乎並非只有我們的祖先這麼做。在西方國家，樹葉的狀態也曾是農夫預測未來的優秀工具。世界知名科普作家理查・道金斯（Richard Dawkins）的代表作《自私的基因》（*The Selfish Gene*）中就有類似說法。道金斯一邊講述野鳥的繁殖過程，一邊指出「農村裡有許多傳說，像是『冬青果實的多寡是預測翌年春季天氣的好方法』等」。他還補充：「即使很難說冬青的果實在預測未來方面是具有科學性的根據，但在大自然的世界中，必然存在著這類預測的線索。」

事實上，現今科學時代的確很難相信可以用樹葉預測未來。雖然前文為了這類說法特別補充了一些能成為線索的根據，但在不允許有絲毫誤差的科學年代，這類說法並不合理。但另一方面，以現在的眼光看待過去，態度並不正確。我認為即便只是探討樹葉對古人的意義，我們對身旁樹木的看法應該就會有所改變才對。

[故事中的樹葉4]

法頂禪師樹葬的樹木是哪一種？
── 紅楠、日本厚朴

談論樹木時，我經常遇到一種令人不知所措的情況，也就是錯誤的樹木相關知識被當成常識流傳。比方說，你知道大家稱為「아카시아나무」（刺槐）的樹木學名，其實是「가짜 아카시아」（假相思樹）*嗎？

會遇到這類問題，通常是因為樹名的關係。比如韓國佛寺精心栽植的樹木中，有一種叫「보리수나무」（菩提樹），寺方介紹這種樹時往往表示，由於釋迦牟尼佛在這種樹的樹蔭下悟道成佛，因此稱為菩提樹。但實際上，幫助釋迦牟尼佛成佛的印度菩提樹無法在韓國的氣候環境中生長，換言之，印度菩提樹和韓國所說的菩提樹，是完全不同的樹木。此外，寺方所稱的보리수나무（菩提樹），也不是指生長在韓國土地的小葉胡

*譯按：刺槐的韓文俗稱「아카시아」發音和相思樹屬「Acacia」相同。

頹子，大部分其實是椴樹類＊。即便知道事實，造訪佛寺時，我還是小心翼翼地告訴師父：「那棵樹其實不是釋迦牟尼成佛時的印度菩提樹，而是紫椴。」很怕可能會讓寺方覺得我對他們視為神聖的樹木不敬。比起已經知道的事，我自己其實還有更多知識需要學習，很擔心這樣說會讓人以為我在炫耀淺薄的知識、覺得我很驕傲。

最近還有另一件類似的尷尬事件，就發生在法頂禪師圓寂前後。法頂禪師是一位受到許多人尊敬的僧侶，由於他留下了不少美好的文章，即使不是佛教徒的人也很尊敬他。法頂禪師生前十分盡心盡力地親手種植並栽培樹木，由他栽培並寫入文章內的樹木中，有一棵「厚朴樹」，亦是禪師圓寂後樹葬的樹木，樹下供奉著禪師的遺骨。這棵提到禪師的一生時必會介紹的樹，所有節目都稱之為「厚朴樹」。

然而，這棵樹並不是厚朴樹。事實上這棵樹不只法頂禪師，很多人都會搞混。由於「厚朴樹」一名給人仁厚的感覺，該樹名經常出現在文學作品中，可是許多作品當中被稱為厚朴樹的樹木有八、九成都是錯的，大多將日本厚朴（*Magnolia obovata* Thunb.）誤稱為厚朴樹。不只詩人，讀者也是如此，尤其是住在中部地區的居民說的厚朴樹，十之八九都是日本厚朴†。

韓國真正土生土長的「厚朴樹」另有其樹，那就是紅楠（*Machilus thunbergii* Siebold & Zucc. ex Meisn.）。紅楠是適合生長在南方海邊的樹木，在中部地區無法生長，會在五月左右於樹梢開出一簇簇的花，花和日本厚朴的花一樣不大、很小。韓國本土的紅楠為常綠闊葉樹，長得好可以超過二十公尺，枝幹粗壯，樹枝向四周大面積伸展，是感覺相當溫和的樹木。南海岸地區把紅楠當作亭子木使用，就像櫸樹和朴樹。

---

*譯按：佛寺中經常稱為菩提樹的韓文樹名為보리수나무，學名為 *Elaeagnus umbellata*，中文稱小葉胡頹子，屬胡頹子科。由於보리수的漢字為「菩提樹」，因此經常被誤會成是釋迦牟尼成佛的「印度菩提樹」（學名 *Ficus religiosa*）。事實是，佛寺裡種的紫椴（*Tilia amurensis* Rupr.）之所以被誤稱為菩提樹，據說是因其圓滾的果實被用來做為念珠材料，木材也用來製作木魚的緣故，不過該說法的來源不明。

†譯按：這裡所譯的「厚朴樹」原文為「후박나무」，中文稱「紅楠」，因후박的漢字為「厚朴」而被誤稱；日本厚朴的韓文是「일본목련」，直譯為「日本木蓮」，但在日本漢字中則稱為「厚朴」，因此與후박나무（紅楠）搞混。

另一方面，被誤稱為厚朴樹的日本厚朴是源自日本的木蓮類。日本厚朴的花和葉子都大，整棵樹的長相會讓人聯想到厚道的人心，很適合「厚朴」這個名字。再加上這種樹木的日式漢字標記為「厚朴」，因此引進韓國時，不知道韓國有후박나무（紅楠）的人就直接以日本的漢字名來稱呼了。

有很多特徵可以區分日本厚朴和紅楠。首先，它們的花長得不同。日本厚朴會在六月開出形似木蓮的白花，紅楠則是在五月開乳白色花，紅楠的花很小，直徑不到一公分，且小小的花朵會集中開在樹梢。

另一個差異是樹葉。日本厚朴的葉子是互生，也會在樹梢簇生，但實際上引人注目的不是互生，而是樹枝末端有好幾片又大又修長的葉子叢聚在一起長出來，那一片葉子的長度足足有四十公分，寬也超過二十公分，非常之大。紅楠的葉子雖然看似是在樹梢以

紅楠花

簇生方式生長、和日本厚朴相同，但若仔細觀察會發現，紅楠葉子的生長方式是互生。即使無法觀察到這麼仔細也沒關係，紅楠的葉子厚，葉面光澤滑潤，就算是最大的葉子，長度不過十五公分。換句話說，紅楠的葉子小到無法和日本厚朴比較。最後，兩者之間更大的差異在於，紅楠是常綠植物，日本厚朴卻是落葉植物，只要觀察秋天後葉子是否尚存就能區別。

知道這些差異就可以充分區分紅楠與日本厚朴。了解這兩種樹木的特徵，並懂得如何區分後，不妨去一趟佛日庵確認安置法頂禪師遺骨的樹木。你會知道這棵樹是日本厚朴，不是紅楠。

法頂禪師一生都以為這棵親手栽種的日本厚朴是厚朴樹，生前所寫的文章當中，也多次將它寫成厚朴

紅楠

樹。像是〈桔梗花的故事〉就寫到：「我穿著睡衣走進院子，坐在厚朴樹下的椅子上直到夜深，獨自迎接了夜晚。當晚猶如初秋，天氣晴朗，月光澄淨透明。我枕著月光，厚朴樹也好似睡著了般，一動也不動地，若一絲清風吹過，葉子們就像翻了個身子一樣輕輕擺動。」或〈擁有的枷鎖〉這一篇：「我抬頭從厚朴樹的葉子之間觀看飄走的雲彩，也在它的樹蔭下專心聆聽百鳥清脆的嗓音。這時候我會忽然對厚朴樹產生感激之情。」都是針對日本厚朴所寫的文章＊。同時，據悉禪師曾拜託他人，在他圓寂後把他埋在這棵樹下，寺方也在樹木前連同簡單的事由，將樹名標示為厚朴樹。

關於厚朴樹和日本厚朴的名字這件事，我真的非常猶豫到底該不該告訴佛日庵的師父。禪師不忘種樹、養樹，光是這個美意就相當令人感激，但還要在

日本厚朴

樹的面前追究樹名有誤、法頂禪師一開始就錯了，這件事不得不令人謹慎小心。由於日本厚朴長久以來都被誤稱為是후박나무（紅楠），要矯正的話可能需要不少時日，不過我們務必要改正稱呼，希望韓國本土樹木多年來使用的名字，不要被從日本引進的樹木給奪走。

＊兩篇文章都被收錄在《捨與離》（버리고 떠나기），一九九三年出版。

日本厚朴花

LIFE 056

樹葉物語

나뭇잎 수업：사계절 나뭇잎 투쟁기

作　者—高圭弘（고규홍）
譯　者—林倫伃
責任編輯—陳詠瑜
校　對—聞若婷
行銷企畫—林欣梅
封面設計—FE工作室
內頁設計—張靜怡

編輯總監—蘇清霖
董 事 長—趙政岷
出 版 者—時報文化出版企業股份有限公司
一〇八〇一九臺北市和平西路三段二四〇號三樓
發行專線—（〇二）二三〇六—六八四二
讀者服務專線—〇八〇〇—二三一—七〇五
（〇二）二三〇四—七一〇三
讀者服務傳真—（〇二）二三〇四—六八五八
郵撥—一九三四四七二四時報文化出版公司
信箱—一〇八九九臺北華江橋郵局第九九信箱

時報悅讀網—http://www.readingtimes.com.tw
電子郵件信箱—newstudy@readingtimes.com.tw
時報出版愛讀者粉絲團—https://www.facebook.com/readingtimes.2
法律顧問—理律法律事務所　陳長文律師、李念祖律師
印　刷—勁達印刷有限公司
初版一刷—二〇二三年四月二十八日
定　價—新臺幣四五〇元
（缺頁或破損的書，請寄回更換）

時報文化出版公司成立於一九七五年，
一九九九年股票上櫃公開發行，二〇〇八年脫離中時集團非屬旺中，
以「尊重智慧與創意的文化事業」為信念。

樹葉物語／高圭弘著；林倫伃譯. -- 初版. --
臺北市：時報文化出版企業股份有限公司，
2023.04
224 面；14.8×21 公分. --（Life；56）
譯自：나뭇잎 수업：사계절 나뭇잎 투쟁기
ISBN 978-626-353-709-5（平裝）

1. CST：葉　2. CST：植物生理學

371.63　　112004668

ISBN 978-626-353-709-5
Printed in Taiwan